# 服饰形象设计

李小凤　周生力　主编
李清芳　副主编

·北京·

FUSHI XINGXIANG SHEJI

本书从服饰形象设计的理论出发，重点围绕实用性目的，首先从搭配的原理、美学法则的分析切入，到人体线条、服装线条的解析，将服装款式的选搭与人体的特点相结合；第二大部分是本书的重点内容，从常见服饰搭配技巧切入，以不同年龄服饰形象设计案例分析为重点，具体讲解服饰形象设计的应用。尤其注意紧密结合场合的要求讲述不同场合服饰形象设计的典型案例，如职业场合、高端商务礼仪场合、婚庆场合、晚宴场合、休闲场合、少年儿童、中老年人等，并增加了最有发展前景的衣柜重组的内容。第三大部分是讲解创意类服饰形象设计的思路与方法，既开拓了服饰形象设计的思路，又有助于学习者参加各类相关的设计比赛。

本书适合于高等院校人物形象设计和影视化妆专业师生教学使用，也可以作为相关行业培训和从业人员参考使用，同时适合于热爱生活、追求美的大众读者。

**图书在版编目（CIP）数据**

服饰形象设计/李小凤，周生力主编. —北京：化学工业出版社，2016.10（2024.2重印）
（人物形象设计专业教学丛书）
ISBN 978-7-122-28248-4

Ⅰ.①服… Ⅱ.①李…②周… Ⅲ.①服饰美学 Ⅳ.①TS976.4

中国版本图书馆CIP数据核字（2016）第241409号

责任编辑：李彦玲　　装帧设计：王晓宇
责任校对：宋　夏

出版发行：化学工业出版社（北京市东城区青年湖南街13号　邮政编码100011）
印　　装：涿州市般润文化传播有限公司
787mm×1092mm　1/16　印张7　字数165千字　2024年2月北京第1版第4次印刷

购书咨询：010-64518888　售后服务：010-64518899
网　　址：http://www.cip.com.cn
凡购买本书，如有缺损质量问题，本社销售中心负责调换。

定　　价：39.00元　

# 前言

我国人物形象设计专业高等教育发展至今不过十余年，从社会培训机构的蓬勃兴起到目前各高校纷纷创办该专业，为社会输送了大量的美容、美发、化妆以及日常生活装扮的流行指导师，该行业越来越受到社会的关注和需要。

本书紧密围绕“职业能力服务”、“竞赛服务”、“考证服务”三个宗旨，展开设计思维的培养及设计技能的训练。提炼服饰形象设计课程的知识、能力及素质结构的要求，以“人”为主线，介绍人物形象设计的内涵、原则、构思传达以及不同场合的服饰形象设计，并新增了新娘整体造型设计、青少年与中老年人服饰形象设计、竞赛创意类服饰整体造型案例这三大块内容，使本书更具有革新性与特色性。通过阅读可以使读者了解必需的设计理论、日常生活服饰形象设计内容与方法，掌握设计的思路与流程，培养良好的设计审美与创新。

本书由浙江纺织服装职业技术学院李小凤和常州纺织服装职业技术学院周生力主编。常州纺织服装职业技术学院的周生力、李清芳负责第一、二章节内容的编写，李小凤负责第三、四章节内容的编写，并完成了本书的统稿，浙江纺织服装职业技术学院宋肖参与了两个章节内容的初步整理。书中第四章节的大部分图片是浙江纺织服装职业技术学院人物形象设计专业学生毕业设计优秀作品或参赛作品，其中的模特是浙江纺织服装职业技术学院服装表演专业的学生，在此感谢两个专业学生的大力支持与配合。

虽然我们希望把本书的每一个章节都做到完美，但由于时间的限制，许多问题还需更深入的探究，所以书中难免会有不当之处，还恳请读者谅解，敬请专家及读者多多指正，不胜感谢！

李小凤

2016年7月

# 目录

Fashion Design of Image

# 第一章 / 服饰形象设计概论

## 学习目标

了解服饰形象设计的相关概念与特征；掌握服饰形象设计的过程及其设计原则。

Chapter 01

服饰形象是人的外在素质（身材、容貌、姿态、言论、行为、着装等），以及通过外在素质反映出来的内在素质（包括品格、修养、道德、风范、风度等）的综合体。具有具体性和抽象性相结合、先天生成和后天塑造以及多样性和可变性等特点。服饰形象设计大都是围绕人的生活范围进行的，包括人在生活中每一个细节的形象安排，比如：出去旅行时应该穿什么，戴什么，妆容发型应该怎么打理；平时上班应该以何种形象出现在客户的面前，才更容易得到客户的信任；参加不同风格的聚会又应该如何装扮自己等。在生活中，服饰形象是社会公众对人物个体整体的印象和评价，也是人的内在素质和外形表现的综合反映。

# 第一节　何谓服饰形象设计

## 一、服饰形象设计概念

### 1.服饰

（1）服　作为名词，一种是指人着装后的状态，另一种是指上衣，其含义与衣相同，但它很少单独使用，往往和前面的定语搭配在一起，如礼服、运动服等；作为动词，是指穿戴服装。

（2）饰　表示修饰、饰品，作为名词，指装饰品；作为动词，意为装饰、打扮，既有装扮、打扮的意思，也有用装饰品修饰的意思，包含了选择、调整等的一个完整过程。

（3）服饰　亦即服装配饰，即人身上除了衣裳之外的所有装饰品和装饰手段，包括鞋帽、围巾、纽扣、发簪、假发等装饰品和化妆、发型、文身等装饰手段。

### 2.形象

（1）形　作为名词，指看到或想到的样子；作为动词，是指呈现看到或想到的样子的过程。

（2）象　作为名词，除了动物以外，更多的指的是现象、外貌、形状样子和象征；作为动词指的是模拟、描绘等意。

（3）形象　形象是一个人的相貌、体态、服饰、行为、风度、礼仪、品质、心灵、情操等可感知的视觉化综合表现。从广义上看是指人和物，包括社会的、自然的环境和景物；从狭义上看专指具体人的形体、相貌、气质、行为以及思想品德所构成的综合整体形象。

### 3.服饰形象

（1）广义的服饰形象　广义的服饰形象不仅是指简单的由服装塑造的形象，还包括人体文身、彩绘、化妆、发型、饰品等共同塑造装饰的形象。这与我们通常说的外观形象包含的内容相同，因此，广义服饰形象也称为外观形象。人的外观形象主要包含容貌、体态和服饰穿戴，是一个人的内在素质的外在表现，是作为身体的、心理的、社会的人的综合反映。比如，人们通过服饰在满足自己审美需求的同时还会追求服饰带给人们的某种地位等，通过这些各种各样的关系将服饰和人体组合，共同形成的一个完整的服饰形象。

（2）狭义的服饰形象　在日常生活中，我们谈到服饰形象，通常指的是人们在穿戴了服装装饰后形成的形象，这只是狭义上的服饰形象，不包括一些其它的人体“装饰”。由此可见，狭义的服饰形象是个体通过服装装饰的选择和穿戴后形成的形象。

本书的概念是广义的服饰形象，是指人选择了服饰穿上以后，把服装所装饰的身体一并考虑进去，此外还会涉及一些环境与情景的因素在里边，由主体自我与现实生活中服饰共同组成的着装形象。

## 二、服饰形象设计的特征

调和共性与个性的矛盾统一，得到理想的服饰形象并使之为自己的工作、生活服务，是形象设计要解决的首要问题。而随着人们物质生活和精神生活水平的提高、生活方式的不断变化、审美观念的不断更新，追求个性化、时尚化的趋势也越来越明显，这已经成为现代服饰形象设计最主要的特征。

### 1.服饰形象设计的个性化特征

一般说来，所谓个性是指个体的特征或特有的形式。它具有某种可以确认的、有别于其它形式的品质或特点。人的个性是一个人行为模式的总和。贯穿于人一生的个性在许多方面也不是一成不变的，在社会环境中它不断成长、发展，经历着许许多多的变化。每个人的个性必然在他的行为动机方面有所表现。人们常说“文如其人”、“字如其人”或“诗如其人”，其意是指文章、书法和诗词等艺术作品能反映作者的个性。同样，服饰也会反映穿着者的个性。

生活在现代社会中的每个人，由于社会压力的增大，他们渴望得到社会认同的感情也越来越强烈，独一无二、充分体现自我价值的呼声此起彼伏，他们渴望通过服饰形象设计让自己的形象更具魅力。正是人体的差别才使个性化成为可能，因此个性化也就成为现代服饰形象设计最主要的特征之一。

### 2.服饰形象设计的时尚化特征

流行时尚是人类文明社会中十分引人瞩目的现象，它是指某种形式（表现于服饰则为色彩、款式、质地和图案等）在特定时期内受到社会上某一部分人的赞同和欢迎。

（1）流行时尚根源于人们对审美的追求　对美的追求是人类的本性，然而美是一种评价，是建立在共认的基础上的。但是，假如人们都穿一样的衣服，比如都穿中式旗袍，彼此当然不认为丑，但是也不会觉得有多美，这仅仅是一种习惯状态而已。可见，“共认”并不是审美的唯一条件。如果此时出现了一个身穿西式礼服的人，结果会是怎样的呢？一部分人会反感，认为他违反了习惯；一部分人会观望；而必定会有一部分人对西式礼服的出现产生新鲜感，并竞相效仿。然后，观望者又发生了兴趣，反感者习以为常，甚至也希望尝试一下。可是，当人人都穿上西式礼服的时候，西式礼服的新鲜感又消失了，前卫者又回到大众之中，一个流行的浪潮在新的环境中就会恢复平静。

（2）流行时尚是矛盾的统一体　流行的开始便是稀有的出现，稀有意味着新鲜，新鲜之中包含着美感，具有优越性，人人都希望自己是优越的，都去争当稀有者，多数人的共认使流行进入盛期，这时少数已变成多数，稀有不再稀有，新鲜不再新鲜，流行的这个周期便告尾声。与此同时，人类标新立异的天性又促使新的流行开始，时尚的流行就这样被不断地向前推动着。

由此可见，人类的求异心理是流行产生的动力。当人生显得单调黯淡，内心感到沉闷疲乏时，人们往往会渴望变化一下形象，过时、落伍的形象已经不能被人接受，甚至受人耻笑，所以现代服饰形象必须是时尚的。

### 3. 现代服饰形象设计两大特征的融合

尽管时尚一般表现为趋同，个性化表现为求异；但两者并非是水火不相容的。个人对服饰的嗜好与时尚的关系是社会心理学的一个课题。一般来讲，分散而多样化的嗜好是人们个性的表现；集中而稳定不变的嗜好即为传统的表现，集中而变化迅速的嗜好即时尚。人们对于流行时尚的东西和个人的特殊性融合，可促使成熟的东西在新鲜的形式中再生。

以个性的眼光看时尚，可以看到时尚现象后面产生的种种原因及与之配合的东西。而当把时尚交织在新的形象中时才能反映出它所表达的气息，让时尚作为一种时代精神留存在风格中，而不只是形式上。人们发现新的时尚动向并感觉到它的好，其实它还不能真正地、彻底地流行。如果不是新的时尚具有完美性，它就不会有感染力，继而引发出更广泛的诱惑，成为日后被模仿的东西，而个性的眼光就是要发现它的完美性，而不仅仅是时尚现象，并创造出适合不同人的不同美的样式，这才符合时尚精神并具有鲜明的个性，才能得以流行。

## 三、服饰形象设计的价值

随着社会的发展和文明的推进，人们已经深刻地认识到：自身的外观形象在日常生活和工作中已经成为社会文化进步的物质载体，并逐渐体现出服饰形象设计在不同的情景环境下的存在价值。

一个适合准确角色定位的服饰形象所代表的完整性特点与内涵性特点，并不单纯的是为了能够吸引到别人羡慕的目光或者是炫耀其华服的奢靡，更重要的作用是通过服饰形象的本身能够直观地反映出来一个人的身份地位以及品位等内容。服饰形象设计的实际意义并不仅仅表述视觉传达内容，更成为了对生活品质和工作态度改观的外沿表现以及其综合素养提升的表达符号，也就是说在我们的社会不断加速发展的进程之中，服饰形象设计是我们现代生活艺术与技术互相结合的真正体现。它能够充分地反映出不同人群的审美心理特点及其意识的差异，同时也具备了不同的社会功能和重要的价值标准，是我们现代文明和生活方式的集中具体的表述。

著名戏剧家莎士比亚曾有过一句名言：假如我们沉默不语，我们的服装与体态也将会泄露出我们以往的经历。这个假设十分恰当地说明了服饰形象的本身是视觉与心灵的感知，它就像名片一样，在默默无言之中向他人展示着自我，也传递相互信任的信息。只有让整体形象庄重而得体，才能在人与人的沟通和交往过程中得到信任和支持，真真正正地体现出道德与修养带给人们的美好印象。

# 第二节　服饰形象设计的过程

服饰形象设计的过程是一种自我形象的美化和改善的过程。而这一过程的完成不是一蹴而就的结果，而是需要通过形象分析定位、服装选择、化妆、发型设计等一系列的管理过程而得出来的。每一个过程都需要利用各种资源，如唇彩、眉笔、粉底、香水、裙子、鞋子等，并将其进行计划、组合、控制，才能最终创造出良好的服饰形象。服饰形象的改善，也就是服饰形象设计过程的结果。

## 一、个人服饰形象定位

服饰形象定位，就是根据形象观察与了解的内容、原型分析与确定的结果，找出并确定形象主体在相关公众心目中，区别于其他形象主体的形象特色或个性，为今后服饰形象的设计提供依据。

准确的服饰形象定位具有十分重要的现实意义，它是在对个性、性格、价值观、兴趣、性别、职业、年龄等因素综合分析的基础上，从有利于设计对象的角度出发，确定服饰形象的方向、目标，从而塑造出独具个性魅力的形象。因此，服饰形象定位首先要了解被设计者的身材、脸型、个性特质以及需求设计出既具个人风格又符合相应场合的造型，就能给人留下更加得体的印象。其次应表现自己的修养，修养的好坏可以表现出一个人智慧的大小和气度的深浅。再次必须注重礼仪，礼仪是“发乎于中形于外”的肢体语言，也是人与人沟通良好与否的重要因素之一。实践证明，一个具礼仪风范的人，最能建立良好的个人形象。

## 二、服饰形象管理

服饰形象管理是对服饰装扮的规范化、标准化和操作化，是一种自我形象改善过程的更加完善的系统，包含了各种具体的动作单元和操作步骤。在现实生活中，形象管理涉及许多领域，比如国家形象管理、企业形象管理、政府形象管理、团体形象管理、个人形象管理等。我们常说的形象管理是狭义的个人形象管理，也就是一个人的外在和内在的形象管理，而外在的形象管理，即外表形象管理是为更多人所理解的形象管理。内在的形象管理，包括许多心理方面的因素，中国古人很早就重视这些方面的培养和塑造。

**1.服饰选择是塑造服饰形象的前提**

服饰选择是人生活活动的基本能力，属于日常生活的一部分，包括服装款式、色彩、面料等的选择。服饰的选择与一个人的审美观具有一定的联系，同时也同一个人的社会性心理密切相关。影响服饰选择的因素很多，包括审美价值观、文化因素、政治因素、经济因素等。服饰的选择、穿着行为与人的需要、动机和态度有着密切的关系。

服饰的选择反映了一个人对穿着打扮的态度，即对服饰的偏好和关心程度。在这一过程中，着装者对于服装色彩、款式和面料的选择，并不是简单的对于色彩的偏好选择、面料的舒适度的选择和款式的适合与否的选择，同时还会考虑搭配的问题，包括服装整体色彩的搭配、服装色彩与自我肤色的搭配、体型与服装款式的搭配问题等。而所有这些服饰的选择行为，其发生的原因，就是个人已经形成的审美价值观产生的作用。由于受文化素养、审美情趣、生活方式等主客观因素的影响，不同层次的人对待服饰的态度千差万别。所以服饰的选择也各不相同，而通过服饰塑造出来的形象也形态各异。

**2.形象塑造是服饰形象管理的实施**

人的形象包括容貌、服饰、清洁、化妆等方面，其塑造一般由分析、设计、实施、评价、调整等步骤完成。在这一过程中，往往是通过个人信息采集表，以及个人倾向测试来收集个人适合的形象设计信息，通过对这些信息的分析，诊断出个人形象设计需要注意的问题，并具有针对性地制定合适的设计方案，通过实施形象塑造后对设计方案进行检验。

形象塑造则又划分为了解自我、参照标准诊断、形象装扮和反馈调整，这是一个较为细化的系统过程。相对于形象管理来说，形象塑造属于形象管理的执行层面。简言之，就是服饰形象设计的具体行为过程。形象塑造的内容十分丰富，是对一个人从头到脚、从外到内的所有改造，包括肤色、脸型、妆容形体、服饰等，是一项科学、系统、全面和持续不断的管理工作，是人们在充分了解自己的优缺点、借鉴适合自己的形象装扮、结合个人的特点及风格后而进行的。

**3.服饰形象管理是一个系统工程**

人类对自我装扮行为的基本来源，第一是本能引起的无需学习的自然表现，第二是通过尝试和教训的个体经验发展起来的，第三是通过模仿或接受传授从他处习得的。服饰形象管理的关键在于如何确保人们能积极、正确地对待自我的服饰形象，而不被某些事情误导。服饰形象管理的内容一是善于了解自我，自我归纳，包括了解自己的优缺点、接纳自己的缺陷；二是周围人的评价。

服饰形象管理包含所有有关个人外观的注意、决策与行动的过程。这个概念不仅包括购买及穿戴服装配件的行为，还包括借助身体或各种装饰所造就出来的整体视觉印象。它是透过人体及任何视觉上可察觉到的修整、美化或覆盖所创造出来的整体组合形象，包含服饰及身体的视觉结构。

# 第三节　服饰形象设计的原则

在生活中，人们一般对衣着较为敏感，尤其在与他人初次见面时，多数人往往会以貌取人，从衣着打扮上品评他人的才能与社会地位。所以说，无论政界要人、明星，还是平民百姓都期盼有一个好的形象亮相。在这种市场需求下，服饰形象设计应运而生并被广大社会公众所接受。在形象设计中，服饰形象是对视觉冲击最为强烈、给人留下的印象最为深刻的，也是个人形象中最外在、最直接的部分。在日常生活中服饰形象也不是随随便便的，不同主体在不同时间和环境下也要有所不同。

## 一、服饰形象设计的主体原则

人是服饰形象设计的主体，在进行设计前我们要对设计主体的各种因素进行分析、归类，才能使设计具有针对性和定位性。从人的个体来说，不同的文化背景、教育程度、个性与修养、艺术品位以及经济能力等因素都影响到个体对服饰形象的选择，设计中也应针对个体的特征确定设计的方案。在设计为日常生活而服务的服饰形象中，由于不同的人有不同的社会地位和职业特点，服饰形象一定要和他们的社会地位相符合。因为设计主体的身份除了用言行来表现外，最重要的就是依靠合适的服饰形象来体现。

## 二、服饰形象设计的时间原则

服饰形象设计的时间原则一般包含三个含义。第一个含义是指每天的早上、日间和晚上三段时间的变化，第二个含义是指每年的春、夏、秋、冬四季的不同，第三个含义是时代之间的差异。通常来讲，早上、日间安排的活动户外居多，穿着可相对随便；而晚间的宴请、听音乐、看演出、赴舞会等一般则比较正规，并由于空间的相对缩小和人们的心理作用，往往对晚间活动的服饰给予更多的关注和重视，拘泥的礼仪也就相对严格。除了一天的时间变化外，还应考虑到一年四季不同的气候条件的变化对着装的心理和生理的影响。夏天的服饰应以简洁、凉爽、大方为原则；冬天的服饰应以保暖、轻快、简练为原则。此外，还要顺应时代的潮流和节奏，过分复古（落伍）或过分新奇（超前）都会令人刮目。

## 三、服饰形象设计的场合原则

人在生活中要经常处于不同的环境和场合，不同的场合对服饰有不同的要求，在特定的场合下要搭配与之相适应的服饰，才能获得视觉和心理上的和谐感，才能展示出优美的形象。晚宴形象与运动形象的设计是迥然不同的，晚宴形象的设计要符合华丽的交际场所这一环境和场合的礼仪要求，运动形象的设计必须是适合在运动场所运动的需求。因此，成功的服饰形象只有与环境的完美结合，充分利用环境因素，才能在背景的衬托下更具魅力。

## 思考与训练

1. 什么是服饰形象?
2. 简述服饰形象设计的特征。
3. 简述服饰形象设计的原则。
4. 论述服饰形象管理是一个系统工程。

Fashion Design of Image

# 第二章 / 服饰形象设计的内容

**学习目标**

了解服饰形象设计的主体特征与色彩的搭配；掌握服饰形象设计中的服装款式和材质的选用，及其饰品的修饰原则。

Chapter 02

随着社会的发展，人类文明的进步，个人形象设计已经成为人们生活中不可或缺的组成部分，其目的是为现实的工作和生活服务，因此，它的内容包括外在形式，如服饰、化妆等，而且也包括内在性格的外在表现，如气质、举止、谈吐、生活习惯等。

# 第一节　服饰形象设计主体的分析与判断

形象设计是通过对主体原有的不完善形象进行改造或重新构建，来达到有利于主体目的的一个过程。虽然在这个过程中，改造或重建工作可以在较短的时间内完成，但是客观环境对于主体新形象的确认则有一个较长的过程，并非一朝一夕之事。因此，服饰形象设计是建立在设计对象的自身因素——包括性别、年龄、形体、五官、色彩、气质等个人基础条件之上，设计师对设计对象准确、客观地观测与评定将直接影响到个人服饰形象设计的准确定位。

## 一、脸型的分析与判断

面部在人体的最高位置，是人们视线首先到达的地方。面庞的修饰在整体形象美中的重要性不可忽视。如何美化脸型、突出优点、遮掩缺陷，首先要分析和判断面部的“三庭”、“五眼”、凹凸层次和形状（图2-1）。

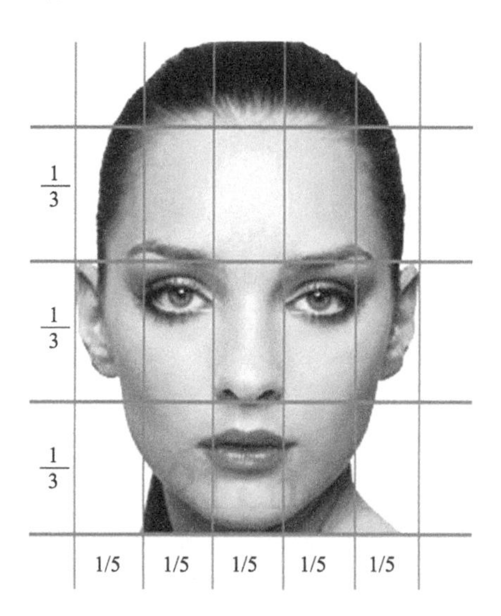


**图2-1　面部的三庭五眼**

**1. 三庭**

三庭是指脸的长度比例，在面部正中做一条垂直的通过额部、鼻尖、人中、下巴的轴线；通过眉弓作一条水平线；通过鼻翼下缘做一条平行线。这样，两条平行线就将面部分成三个等分。从发际线到眉弓水平线，眉间到鼻翼下缘，鼻翼下缘到下巴尖，上中下恰好各占三分之一，把脸的长度分为三个等分。

**2.五眼**

五眼是指脸的宽度比例，以眼形长度为单位，从左侧发际至右侧发际，为五只眼形。两只眼睛之间有一只眼睛的间距，两眼外侧至侧发际各为一只眼睛的间距，各占比例的1/5，把脸的宽度分成五个等分。

**3.凹凸层次**

面部的凹凸层次主要取决于面、颅骨和皮肤的脂肪层。当骨骼小，转折角度大，脂肪层厚时，凹凸结构就不明显，层次也不很分明。当骨骼大，转折角度小，脂肪层薄时，凹凸结构明显，层次分明。面部的凹面包括眼窝即眼球与眉骨之间的凹面、眼球与鼻梁之间的凹面、鼻梁两侧、颧弓下陷、颏沟和人中沟；面部的凸面包括额、眉骨、鼻梁、颧骨、下颏和下颌骨。凹凸结构过于明显时，则显得棱角分明，缺少女性的柔和感。凹凸结构过于不明显时，则显得不够生动甚至有肿胀感。

**4.面部的形状**

不一样的脸型，给人的感觉也各不相同，尤其是从正面的外形观察最能给人留下直接、深刻的印象，大致可以分为以下七种脸型（图2-2）。

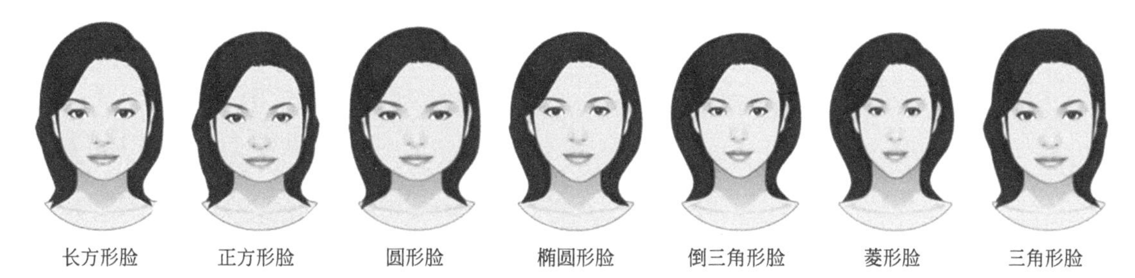


图2-2　不同脸型的特点

（1）长方形脸　长方形的脸型上下的落差较大，横向距离又小，且额头较宽。这种脸型给人以成熟优雅的印象，但脸部的线条欠柔和。

（2）正方形脸　正方形脸与长方形脸相似，三庭的宽度差不多，发际线呈水平，额头较宽，颌线呈方形，纵向距离比较短，且棱角分明，给人以正直、刚硬的感觉，但缺乏柔和感、太生硬。

（3）圆形脸　圆形脸脸部的三个水平区域中，以中间部分的宽度最大、渐渐地上下两边等宽递减，发际线呈圆形，颌部线条柔和。圆形脸给人以可爱、年轻的印象，但显得不成熟。

（4）椭圆形脸　椭圆形脸是比较理想的脸型，三个水平区域中以中间部分最宽，上面部分宽窄适中，下面部分最窄，发际线呈圆弧形，下颌部分线条柔顺，给人以宁静、端庄秀丽之感。

（5）倒三角形脸　倒三角形脸在三个水平区域中，上面部分最宽，下面部分最窄，发际线通常呈水平状，下巴窄而尖，这种脸型给人的感觉是纯洁、明智，但过于瘦削的下巴会给人不稳定的感觉。

（6）菱形脸　特征是颧骨突出，前额较窄，下颌部位较尖，给人以灵巧清秀感觉。

（7）三角形脸　这种脸型的特征是前额较窄，腮部突出，下颌较短，整体脸型轮廓呈现上窄下宽的三角形，给人以稳健感。

## 二、体型的分析与判断

人体体型指人体最外表的型，骨骼、肌肉和皮肤是形成体型的三要素，皮肤与肌肉之间沉积的脂肪决定了人的胖瘦。人虽然有相同的骨骼和肌肉，但由于受环境、年龄、职业、生活习惯等因素的影响和先天的关系，其体型是千姿百态的，如日本人长期的跪坐习惯使其O型腿、下肢脂肪过多和下肢较短的体型居多，当然现代的日本年轻一代体型较以前已经有了很大改变。又如炎热地带与寒冷地带、城市与农村、冬天与夏天等不同环境的人的体型也各不相同，我们可以把体型归纳为标准体型与非标准体型两大类。

**1.标准体型**

标准体型指体轴位于身体正中心，与腰围线呈直角相交，从前胸和后背分别引垂线，两条垂线距离臀部和腹部大体上相同，1cm左右。统一的标准体型是不存在的，任何标准体型都只是一种相对的参照。

（1）骨骼发育正常，关节不显得粗大凸出，身体各部分之间的比例适度，呈匀称感。

（2）男子肌肉均衡发达，四肢肌肉收紧时，其肌肉轮廓清晰；女子体态丰满而无肥胖臃肿感，男女皮下脂肪适度。

（3）双肩对称，男子应结实、挺拔、宽厚；女子应丰满圆润，微呈下削，无耸肩或垂肩之感。

（4）脊柱背视成直线，侧视具有正常的生理曲线，肩胛骨无翼状隆起和上翻之感。

（5）男子胸廓宽阔厚实，胸肌隆鼓，背视腰以上躯干呈“V”形（胸宽腰窄），给人以健壮和魁梧之感；女子乳房丰满挺拔，有弹性而不下坠，侧视有女性特有的曲线美感。男女都无含胸驼背之态。

（6）男子在处于放松状态时，仍有腹肌垒块隐现；女子腰细有力，微呈圆柱形，腹部扁平，无明显脂肪堆积，具有合适的腰围。

（7）男子臀部鼓实，稍上翘；女子臀部圆满，不下坠。

（8）男子下肢强壮，双腿矫健；女子下肢修长，线条柔和。男女小腿长而腓肠肌位置较高并稍突出，足弓高，两腿并拢时正视和侧视均无屈曲感。

（9）整体看无粗糙、虚胖、瘦弱、纤细、歪斜、畸形、重心不稳、比例失调等形态异常现象。

**2.非标准体型**

非标准体型的外形是由体型和体态两个因素决定的，体型是指由骨骼的形状、肌肉的走向、脂肪的位置与形状等构成的人体外部形态。体态是由人在生活中养成的人体习惯姿势而形成的，其骨骼的形状、肌肉的走向、脂肪的位置与标准体型无大异（图2-3）。

（1）香蕉型　身体外形线条直线，没什么特别的曲线，肩宽与臀宽大约相等，尤其是没什么腰部曲线，整体外观为纤瘦。

（2）苹果型　苹果型身材是指上身比较浑厚，胸部过分丰满，与上半身相比，其臀部和腿部则略显消瘦。

（3）梨型　梨型身材的人臀部及大腿脂肪过多，就是说脂肪主要沉积在臀部及大腿部，上半身不胖下半身胖，状似梨形。

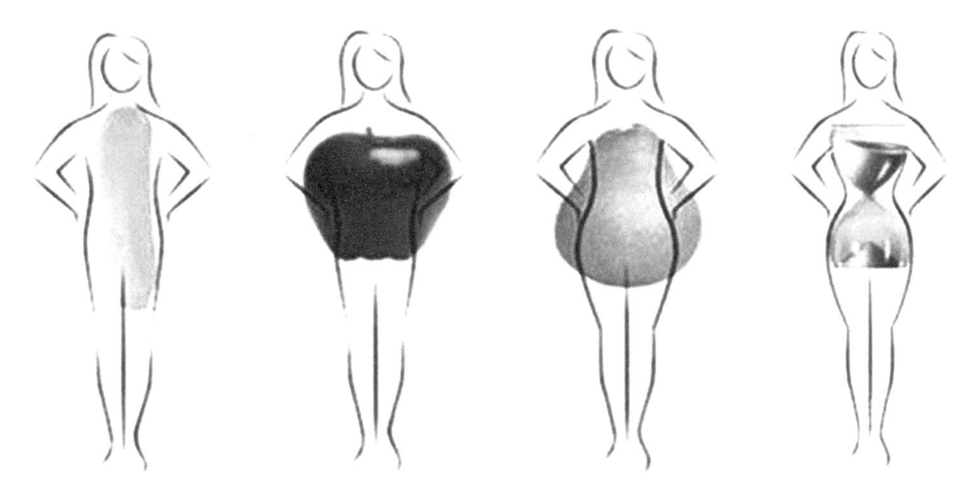

图2-3　不同体型的特点

（4）沙漏型　沙漏型身材，是指身材如同沙漏的形状特征：上下半身都十分结实，表现在肩部胸部比较宽厚丰满，腰胯及臀部较大，而腰身纤细，是一种丰满中不失窈窕的性感身材。

（5）矩形　和香蕉型身材差不多，矩形身材的身体外形线条直，没什么特别的曲线，肩宽与臀宽大约相等，但是不同的是，矩形身材相比香蕉型身材还是有肉的。

（6）全身瘦小型　此体型人身体细长，头小面白，胸部平坦，肌肉纤细，皮下脂肪少，四肢细长，身体特征是高瘦，看起来很纤细。

# 第二节　服装色彩的搭配

在五光十色、绚丽缤纷的大千世界里，色彩使宇宙万物充满情感，显得生机勃勃。色彩作为一种最普遍的审美形式，存在于我们日常生活的各个方面。衣、食、住、行、用，人们几乎无时不在地与色彩发生着密切的关系。色彩是与人的感觉（外界的刺激）和人的知觉（记忆、联想、对比等）联系在一起的。色彩感觉总是存在于色彩知觉之中，很少有孤立的色彩感觉存在。色彩是服饰构成的要素，具有极强的表现力和吸引力，将色彩运用到服饰中来装饰自身是人类最冲动、最原始的本能，服饰色彩是服饰形象感观的第一印象，无论是古代还是现代，色彩在服饰形象审美中都有着举足轻重的作用。

## 一、色彩的基础知识

色彩是不同波长的可见光引起人眼不同的颜色感觉，是一种物理光学现象。

太阳光有各种光线放射，在电磁波谱中可视光波的波长范围很窄，由380 ~ 760nm，其颜色分别为紫色波长380 ~ 430nm、蓝色波长430 ~ 485nm、黄色波长485 ~ 570nm、橙色波长585 ~ 610nm、红色波长610 ~ 760nm，由于每个人对光的感受不同，一般将380 ~ 760nm的光波定为可视波长（图2-4）。

**1. 色彩的种类**

色彩世界五彩缤纷，千变万化的颜色可分为有彩色系和无彩色系两大类（图2-5）。

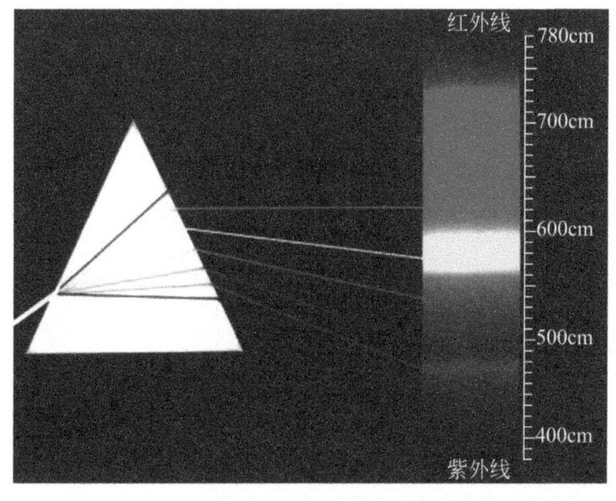


图2-4　不同颜色光波

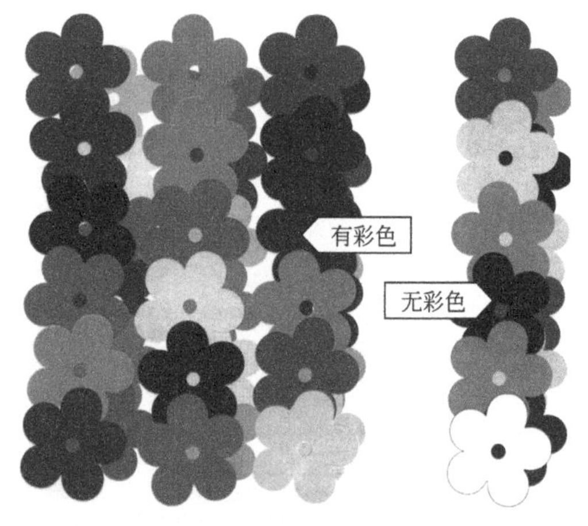


图2-5　有彩色与无彩色

（1）有彩色系　红、黄、蓝因不能由别的颜色调和而成被称为三原色，也称基本色；两种原色进行调合后产生的一种色称为间色；两种间色或原色与间色调合又形成复色。基本色之间不同量的混合，以及与黑、白、灰色不同量的混合，能调出成千上万种颜色。有彩色具有色相、明度和纯度三属性。

（2）无彩色系　黑、白、灰色属于无彩色，从物理学角度上讲，无彩色不包括在可见光谱中，不能称之为色彩，但它在心理学上有着完整的色彩性质，它的性质是只有明度因素，没有纯度和色相因素。白色是亮度的最高级，黑色是亮度的最低级。正是因为这种特质，黑、白、灰在色彩体系中也扮演着重要的角色，不仅能够单独使用，也可与多彩色相搭配，起到衬托、辅助它色的作用。人们习惯称黑、白、灰以及金、银为“五大调和色彩”或“五大补救色彩”。不少国际顶尖的服装设计师曾通过黑、白、灰的搭配设计，打造出很多经典的服装作品，成为人们服装搭配模仿的典范。

**2. 色彩的属性**

认识色彩，学习色彩，都要从了解色彩的三大属性——明度、色相、纯度开始，她们是色彩中最重要、最稳定的三个要素。它们虽相对独立，但又相互关联、相互制约（图2-6）。

（1）明度　色彩的明暗程度（色度、两度、深浅）。靠近白端为高明度色，靠近黑端为低明度色，中间为中明度色。有彩色加白提高明度，加黑降低明度。

明度在三要素中具有较强的独立性，它可以不带任何色相特征，而通过黑白灰的关系单独呈现出来。色彩一旦发生，明度即同时出现。彩色照片反映了物象全部要素的色彩关系，黑白照片反映了物象色彩的明度，素描即将对象的色彩要素抽象为明暗关系。明度是色彩的骨骼，它是色彩结构的关键。

（2）色相　色相是指色彩不同的相貌，人的视觉能感受到的红、橙、黄、绿、蓝、紫这些不同特征的色彩，给这些可以相互区别的色定出名称，当我们称呼其中某色的名称时，就会有一个特定的色彩印象，这就是色相的概念。不同颜色的名称称为色相，如大红、湖蓝、中黄等，

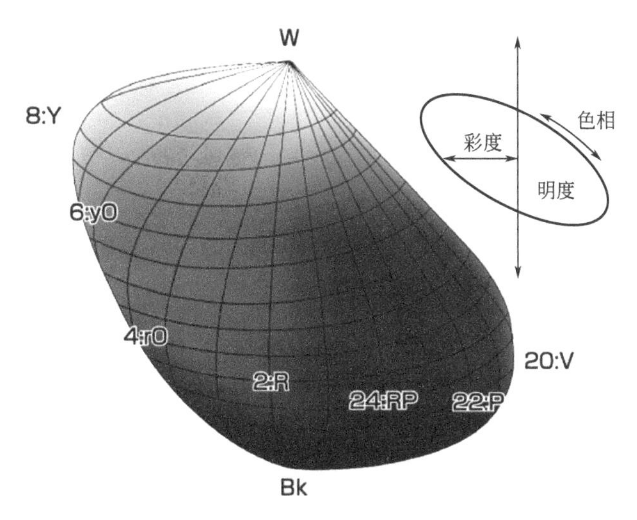


图2-6　色彩的三大属性

色相是颜色最重要的特征。按色相的顺序，可以循环排列成色相环。变幻无穷的色彩世界，色相的千差万别是首要的因素。

若明度为骨骼，色相就是肌肤，它体现了色彩外在的性格，应用色彩理论中通常用色相环而不是直线排列色谱表现色相系列。色谱两端红与紫相连即构成最简单的六色相环（红、橙、黄、绿、蓝、紫），之间加进一色，即构成有微妙过渡的二十四色相环。

（3）纯度　纯度又称彩度、饱和度，即色彩的鲜浊程度。从光谱上分析得出的红、橙、黄、绿、青、紫是标准的纯色。纯度越高色彩感越艳丽明媚。不同原色相的颜色明度不等，纯度也不等。一种颜色，当混入白色时，它的明度提高，纯度降低，混入黑色时，明度降低，纯度也降低。自然色中红色纯度最高，其次是黄色，绿色只有红色的一半。

高明度、高纯度的色彩给人们带来明朗、活泼的感觉，而低明度、低纯度的色彩给人的感觉是沉重和暗淡，中明度、中纯度的色彩则显得温和。我们可以通过色调图来仔细地了解色彩的明度和纯度。

**3.色彩与视觉心理**

服装色彩的视觉心理感受与人们的情绪、意识以及对色彩认识有着紧密关联，不同的色彩给人的主观心理感受也各异，但是，人们对于色彩本身的固有情感的体会却是趋同的。

（1）色彩的冷暖感　色彩的冷暖感主要是色彩对视觉的作用而使人体所产生的一种主观感受。如红、橙、黄让人联想到炉火、太阳、热血，因而是暖感的；而蓝、白则会让人联想到海洋、冰水，具有一定的寒冷感。其中橙色被认为是色相环中最暖色，而蓝色则是最冷色。此外，冷暖感还与色彩的光波长短有关，光波长的给人以温暖感受；而光波短的则反之，为冷色。在无彩色系中，总的来说是冷色，灰色、金银色为中性色；黑色则为偏暖色调，白色为冷色（图2-7）。

（2）色彩的轻重感　同样的事物因色彩的不同会产生不同轻重感，这种与实际的重量不符的视觉效果称之色彩的轻重感。这种感觉主要来源于色彩的明度。明度高的色彩使人有轻薄感，明度低的色彩则有厚重感。如白、浅蓝、浅绿色有轻盈之感；黑色让人有厚重感（图2-8）。

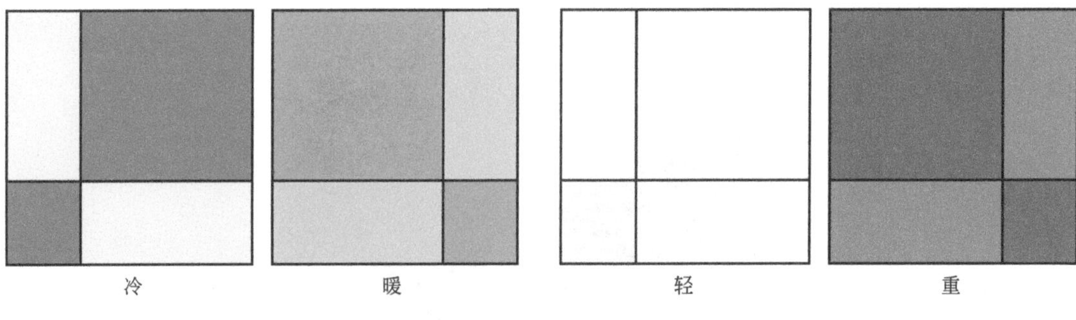


图2-7　色彩的冷暖　　　　图2-8　色彩的轻重

（3）色彩的软硬感　色彩的软硬感主要取决于明度，一般来说，明度高的色彩给人以柔软、亲切的感觉。明度低的色彩则给人以坚硬、冷漠的感觉。但色彩明度接近于白色时，软硬感有所下降。色彩的软硬感还与纯度有关，纯度过高或过低，有坚硬感，中等纯度的色彩则有柔软感。

（4）色彩的进退感　各种色彩的波长有长短区别，但这种区别是微小的、由于人眼的水晶体自动调节的灵敏度有限，故人眼对微小的光波差异无法正确调节，因而造成各种光波在视网膜上成像有前后现象。光波长的色，如红色与橙色，在视网膜上形成内侧映像；光波短的色，如蓝色与紫色，在视网膜上形成外侧映像，从而造成暖色前进、冷色后退的视觉效果，这也是人眼的错觉生理现象之一。一般情况下，暖色、纯色、明亮色、强烈对比色等具有前进的感觉；而冷色、浊色、暗色、调和色等则具有后退的感觉（图2-9）。

（5）色彩的膨缩感　色彩由于波长引起的视觉成像位置有前后区别，这种区别产生了色域。色彩的膨胀与收缩，不仅与波长有关，而且还与明度有关。明度高的有扩张、膨胀感，明度低的有收缩感。同样大小的黑白格子或同样粗细的黑白条纹，白色的感觉大、粗，黑色的感觉小、细。同样大小的方块，在紫色地上的绿色要比在黄色地上的绿色大些，在蓝色地上的黄色要比在黄色地上的蓝色大些。这是色彩明度对比形成的膨胀与收缩感。一般有膨胀感的色彩有：白色、明亮色、纯度高的色、暖色；有收缩感的色彩有：黑色、浊色、暗色、冷色（图2-10）。

图2-9　色彩的进退感

（6）色彩的华丽与质朴感　色彩可以给人以富丽辉煌的华美感，也可以给人以质朴感。纯度对颜色的华丽质朴感影响最大，明度也有影响，色相影响较小。总的来说，色彩丰富、鲜明而明亮的颜色呈华丽感，单纯、浑浊而深暗的颜色呈质朴感。此外，色彩的华丽、质朴与色彩的对比度也有很大关系，一般对比强的配色具华丽感，而对比弱的配色呈质朴感。在实际配色中，如果有光泽色的加入，一般都能获得华丽效果（图2-11）。

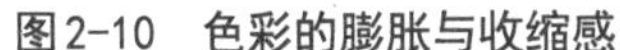

图2-10　色彩的膨胀与收缩感

图2-11　色彩的华丽与质朴感

（7）色彩的活泼与庄重感　暖色、纯度高之色、对比强之色、多彩之色显得色彩跳跃、活泼；而冷色、暗色、灰色给人以严肃、庄重感。黑色给人以压抑感，灰色呈中性，而白色则显得活泼。色彩的活泼和庄重感，与色彩的兴奋和沉静感较相似。

（8）色彩的兴奋与沉静感　积极的色彩能使人产生兴奋、激励、富有生命力的心理效应，消极的色彩则表现沉静、安宁、忧郁的感觉。色彩的兴奋沉静感和色相、明度、纯度都有关系，其中尤以纯度最大。在色相方面，红、橙、黄等暖色使人想到斗争、热血，从而令人兴奋；蓝、青使人想到平静的湖水、蓝天，从而使人感到平静如一；绿与紫是中性的。

**4.色彩联想**

色彩联想构成了人们对色彩的体验，当这种体验被大多数人所认可的时候，这些反应就成了某种特定的关联。色彩的联想带有情绪性的表现，受到观察者年龄、性别、性格、文化、教养、职业、民族、宗教、生活环境、时代背景、生活经历等各方面因素的影响。人的色彩联想可以分为视觉色彩联想和感觉色彩联想两大类。从视觉色彩联想中又可分为具象与抽象联想，从视觉色彩联想的形式上又可分为类似联想、对比联想、因果联想三种基本形式。

（1）具象联想　由看到的色彩联想到具体的事物，称之为具象联想。如看到红色想到太阳、火焰、鲜花；看到黑色，联想到黑夜、黑洞、黑云等具体事物（图2-12）。

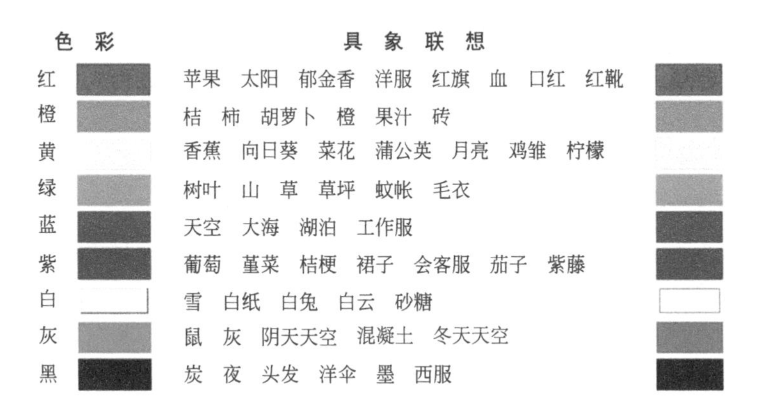


图2-12　色彩的具象联想

（2）抽象联想　由看到的色彩直接地联想到某种抽象的概念，称之为抽象联想。如看到红色联想到热情、危险；看到黑色联想到绝望、死亡等抽象概念（图2-13）。

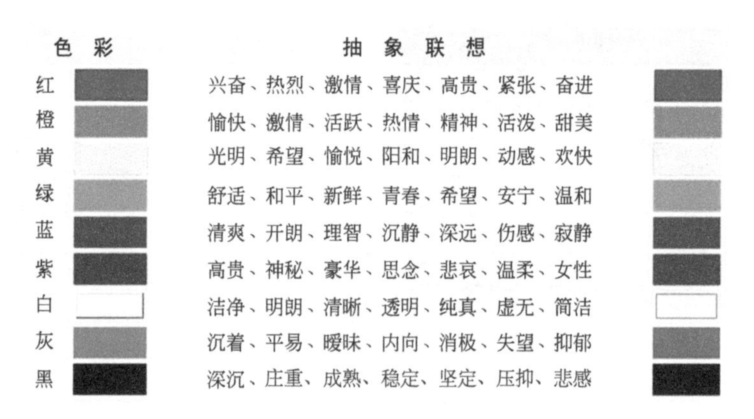

| 色彩 | 抽象联想 |
| --- | --- |
| 红 | 兴奋、热烈、激情、喜庆、高贵、紧张、奋进 |
| 橙 | 愉快、激情、活跃、热情、精神、活泼、甜美 |
| 黄 | 光明、希望、愉悦、阳和、明朗、动感、欢快 |
| 绿 | 舒适、和平、新鲜、青春、希望、安宁、温和 |
| 蓝 | 清爽、开朗、理智、沉静、深远、伤感、寂静 |
| 紫 | 高贵、神秘、豪华、思念、悲哀、温柔、女性 |
| 白 | 洁净、明朗、清晰、透明、纯真、虚无、简洁 |
| 灰 | 沉着、平易、暧昧、内向、消极、失望、抑郁 |
| 黑 | 深沉、庄重、成熟、稳定、坚定、压抑、悲感 |

图2-13　色彩的抽象联想

（3）类似联想　是由一种事物的经验想到在性质上与之相似的另一种事物的经验。如看到绿色很自然地想到明媚的春光、茂密的森林、广阔的草原，也可以想到“春风又绿江南岸”这样的诗词名句。在形象色彩设计中能通过类似联想使物与物、人与物达到完美结合，使形象设计与环境、服装、化妆、发型与人达到默契融合而产生具有审美情趣的色彩表现魅力（图2-14）。

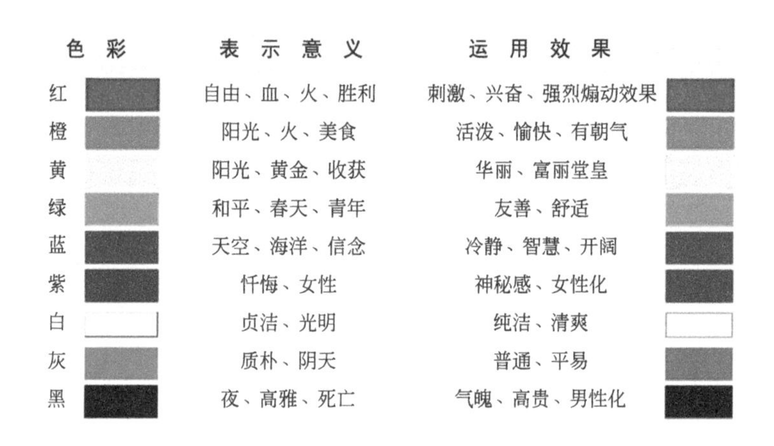

| 色彩 | 表示意义 | 运用效果 |
| --- | --- | --- |
| 红 | 自由、血、火、胜利 | 刺激、兴奋、强烈煽动效果 |
| 橙 | 阳光、火、美食 | 活泼、愉快、有朝气 |
| 黄 | 阳光、黄金、收获 | 华丽、富丽堂皇 |
| 绿 | 和平、春天、青年 | 友善、舒适 |
| 蓝 | 天空、海洋、信念 | 冷静、智慧、开阔 |
| 紫 | 忏悔、女性 | 神秘感、女性化 |
| 白 | 贞洁、光明 | 纯洁、清爽 |
| 灰 | 质朴、阴天 | 普通、平易 |
| 黑 | 夜、高雅、死亡 | 气魄、高贵、男性化 |

图2-14　色彩的类似联想

（4）对比联想　是在事物对立基础上产生的，是由一种事物的经验想到在性质上或特点上与之相反的另一种事物经验。如见到红想到绿，见到圆想到方。这种联想，在形象设计中显得尤为重要。歌德曾经说过：“眼睛需要变化，从来不愿只看一种颜色”。这种要求变化的颜色与原来的颜色通常是对立的，看到红后也要看到绿，这种情况从世界流行色的色调变化上就可以反映出来。我们讲对比联想引起的审美心理变化，是色彩设计师们把握流行趋势的一种方式及方法。

（5）因果联想　是由一种事物的经验想到与它有因果关系的另一种事物的经验。如当我们看到与大地相似色调的迷彩，就会联想到野战军和它的隐藏功能。人们用白色来作为婚纱，这是因为它象征纯真、圣洁。男性正装晚礼服常用黑色，这是由于黑色具有庄重的特征。

色彩联想不只是发生在色相环的色相上，一切具有不同色相、纯度、明度色调的色彩都能唤起我们不同的联想情感。总之，色彩上各种审美联想，是一个复杂的心理活动，它们有时是交叉、混合在一起的，在形象色彩设计中，应灵活运用，随机应变。

## 二、色彩的搭配技巧

在服饰设计中，色彩的地位相当重要，所以如何运用服饰色彩的搭配显得尤为重要，它以其无可替代的性质和特征，传达着不同的色彩语言，释放着不同的色彩情感，同时也起着传情达意的交流作用。服饰色彩语言的组织需要多种因素的相互作用，才能达到合理的视觉效果、组成和谐的色彩节奏。色彩搭配是多种因素的组成和相互协调的过程，同时遵循着一定的规律（图2-15）。

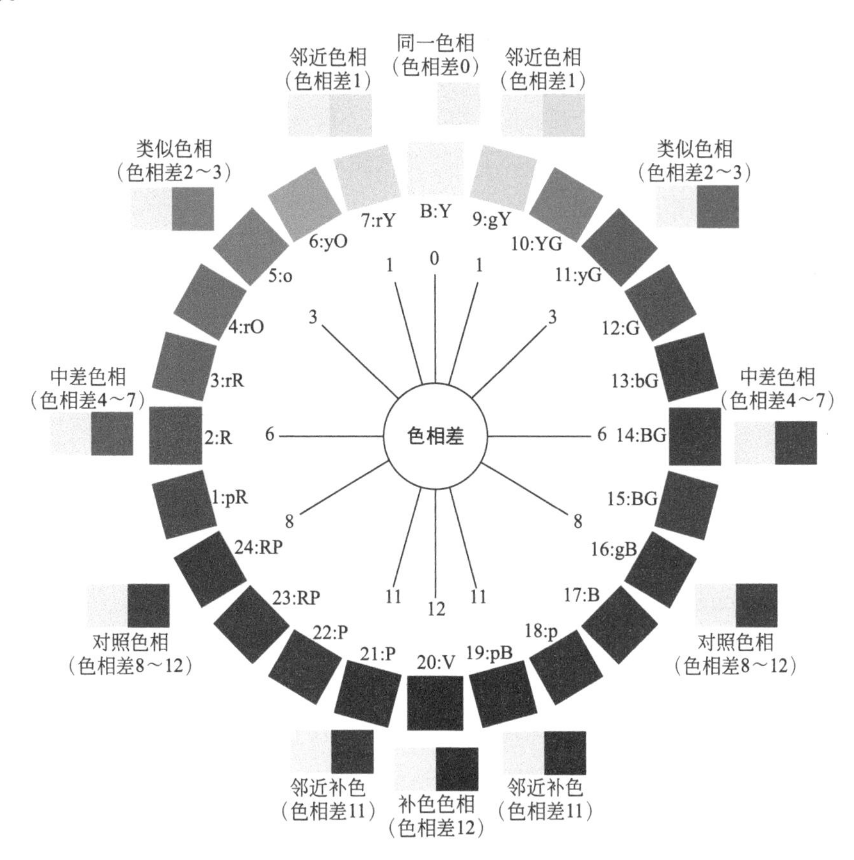


图2-15　同色、邻近色、对比色、互补色搭配

### 1.以色相为主的色彩搭配

（1）同类色的服饰搭配　同类色搭配是指在色相环上45度范围内的色彩，通过明暗深浅的不同变化来进行搭配，如墨绿与浅绿、深红与浅红、咖啡与米色等，在服装上运用广泛，配色柔和文雅，给人温和协调的感觉。

（2）邻近色的服饰搭配　邻近色是指色相环上任意颜色的毗邻色彩，色彩之间呈15 ~ 30度的范围，如红色的邻近色是橙色和紫色，黄色是绿色和橙色，蓝色是紫色和绿色。邻近色的色彩倾向近似，具有相同的色彩基因，色彩之间处于较弱对比，色调易于统一、协调，搭配自然。若要产生一定的对比美，则可变化明度和纯度，例如蓝色与紫色属邻近色，如果提高或降低其中一色明度或纯度，则色彩差异较明显。与同类色搭配相比较，色感更富于变化，所以它在服装上的应用范围比同类色更广。

（3）对比色的服饰搭配　对比色是指色相环上呈105 ~ 180度范围的两种色彩，色彩相距较远。由于色彩相处关系接近对比，色彩在整体中分别显示个体力量，色彩之间基本无共同语言，呈较强的对立倾向，因此色彩有较强的冷暖感、膨胀感、前进感或收缩感。过于强烈的对比，易产生炫目效果，例如橙与紫、黄与蓝、绿与橘等。对比色相较能体现色彩的差异性，能使不起眼的色彩顿显生机。例如本来具有忧郁倾向的蓝色与黄色相配时，由于有黄色跳跃和动感衬托，也显得活泼些。

（4）互补色的服饰搭配　互补色是指色相环上约呈180度范围的两种色彩。补色对比是色彩关系在个性上的极端体现，是最不协调的关系。两种补色互相对立，互相呈现出极端倾向，如红与绿相配，红和绿都得到肯定和加强，红的更红，绿的更绿。在互补色的配色中要注意面积比例、主次关系，同时也可通过加入中间色的方法使对比效果更富情趣。

**2. 以明度为主的色彩搭配**

选择同一色相与它不同明度的色彩相配，可以组合成高明度的配色、类似明度的配色、中明度的配色、对比明度的配色、低明度的配色五种服饰色彩搭配方式。色彩的整体效果明快、清新、柔和、稳重、含蓄。例如：白色上衣配白色或浅米色裤子、黄色上衣配米黄色裙裤、浅蓝色衬衣配深蓝色西服。这类色彩搭配的特点比较注重整体的和谐统一，尤其适合职业女性，可显示出稳重、成熟的个性。

单一色彩的不同明度色彩相配应注意配饰也与之呼应，如袜、首饰、鞋等，这样全身整体效果简单又引人注目。同时，由于色彩纯粹而更易显示出款式和身体的线条，矮个子女士尤其可以试一试。

**3. 以纯度为主的色彩搭配**

在色彩的处理上因纯度过强或过弱，使服饰产生过分朴素，或过分华丽、过分年轻、过分热烈等感觉。色彩的纯度强弱是指在纯色中加入不等量的灰色，加入的灰色越多色彩的纯度越低，加入的灰色越少，色彩的纯度越高，这样可以得出这一纯色不同纯度的浊色，我们称这些色为高纯度色、中纯度色和低纯度色。

高纯度色有显眼的华丽感觉，如黄、红、绿、紫、蓝，适合于运动服装设计。中纯度色柔和、平稳，如土黄、橄榄绿等，适合于职业女性服装。低纯度色涩滞而不活泼，运用在服装上显得朴素、沉静，这时选择高档面料会使低纯度色显得高雅、沉着。当然，不能只感受单一的色彩效果，而要掌握住不同纯度之间的配色效果。

**4. 以无彩色为主的搭配**

（1）无彩色之间的搭配　无彩色之间的搭配既经典又时尚，是经久不衰的颜色类型。以黑、白、灰等无彩色系组成的色彩组合，它们是服装中最为单纯、永恒的色彩，有着合乎时宜、耐人寻味的特色。如果能灵活巧妙地运用组合，能够获得较好的配色效果。无彩色配色具有鲜明、醒目感；中灰色调的中度对比，配色效果呈现雅致、柔和、含蓄感；而灰色调的弱对比给人一种朦胧、沉重感。

（2）无彩色与有彩色的搭配　在现实生活中无彩色与有彩色的搭配是最保险的一种选择。将无彩色和有彩色放置在一起的色彩搭配能产生互为补充、互为强调的效果，形成对比，成为矛盾的统一体，既醒目又和谐。通常情况下，高纯度色与无彩色配色，色感跳跃、鲜明，表现出活跃灵动感；中纯度与无彩色配色表现出的色感较柔和、轻快，突出沉静的性格；低纯度与无彩色配色体现了沉着、文静的色感效果。

## 三、服饰色彩与个人色彩的选择

**1.色彩与肤色的关系**

（1）皮肤较黑的人　一般不适宜穿着黑色的服装及一些近似黑色的深色（如：深蓝色、深紫色等）服装，皮肤黑红的人，最好不要穿粉红、淡绿色的服装；皮肤暗褐色的人，不要选择咖啡色的服装；皮肤黑黄色的人，不要选择鲜艳的蓝色和紫色；皮肤黑而气色不好的人，不宜选用混合的冷色调。总之，黑皮肤的人应选择颜色浅而明快、洁净，但又不大鲜艳的色调，可以带一些花色图案，这样显得明朗、丰富、活跃。

（2）肤色较白的人　服装选择的颜色范围较广，要求不那么严格，但也不是任何颜色都适宜。白皮肤的人以明亮鲜艳的色彩为最佳的服装用色。

（3）肤色偏黄的人　一般不选用米黄色、土黄色的服饰，会显得精神不振和无精打采。肤色若过于发黄，应该忌用蓝紫色调的服饰，而采用暗的服饰以改善气色。同时，也不宜穿土褐色、浅驼色或暗绿色的服饰，不适合戴孔雀石、绿宝石之类的饰品。这些服饰不是使整体形象的色彩效果变得灰暗，就是使原来的肌肤越发显黄。明度和饱和度较高的草绿色也易使大部分黄肤色人显得又黑又红，并呈现粗糙感。而偏黄、苍白、较粗糙的肌肤不要穿紫红色服饰，这种色彩使其显得黄绿，越发“病态”；也不宜穿玫红、鹅黄、嫩绿之类娇嫩色彩的衣服，以免对比之下显得皮肤更粗糙、脸色更灰暗。肤色偏黄白色适宜穿粉红、橘红等柔和的暖色调衣服，不适宜穿绿色和浅灰色衣服，以免显出“病容”。

**2.色彩与体型的关系**

（1）体型较胖型　这种体型的人不宜穿颜色鲜艳的服装，应该穿色彩纯度较低的深暗的服装，也可以选择深色的、有不规则小花纹图案的服装，若配上小面积白色或浅色的装饰品，这样利用深浅色一缩一胀的视觉差对比，达到掩饰体型肥胖的效果。

（2）体型较瘦型　这种类型的人对服装色彩的选择，正好与胖体型的人相反。可以选用明度和纯度较高的鲜艳色调，花形图案的选择也比较随便，但要避免采用灰暗、单调的色彩，以免显得呆板，缺少生气。

（3）身材高大型　这种体型的人，其服装不要采用大面积的鲜艳色彩，整套服装不要只用一种颜色，要有适当的色彩点缀。首先选出一个基本色调来作为整套服装色彩的基调，然后，以此基色为主体来选配其它颜色。配色都要服从基色，以达到和谐、统一，使人感到整套服装的色彩有主次之分，在稳定中显示出活跃感。

（4）身材矮小型　这种体型的人，选择服装色彩的目的，是企图用色彩来增大自身的面积，使人变得高大一点。为此，可以选穿鲜艳、明度高的服装。由于本身矮小，服装的面积也小，因此，整套服装的颜色变化不要太多、太复杂，用色也要简洁、明快，图案采用小花型。此外，身材瘦小的女性，若穿鲜艳的服装，会使人有一种亲切的感觉。

**3. 色彩与年龄、性别的关系**

不同的年龄、性别选配不同的色彩是构成服装的一个重要因素。人随着年龄的增长对色彩的认识和要求也不同。一般来讲，儿童天真、幼稚、思想单纯，宜选用那些活泼、明亮、鲜艳、对比强烈的服装色彩。青年人好奇心强、热情、想象力丰富，易接受新事物，应选用那些清新华丽的时髦色彩。人到中年，女性的自然条件逐渐变得不再那么优越了，人体会出现这样那样的缺点，这时选择服装色彩的目的，主要是以色彩来掩饰部分缺点，并适当地把自己打扮得好看一些。颜色鲜艳些也可以，比如：浊红、灰红、紫红等作为服装的主调，再适当配上其它的颜色。到老年，女性对服装色彩一般有两种选择：一种是庄重、文雅的灰色调；另一种是色彩纯度较高的、明快的鲜艳色调。

男女因性别不同，反映到内在气质和外在感觉上也截然不同。一般男性雄健、高大，因此宜选用庄重大方的色彩。如平静的青色、淳朴的灰色、严肃的黑色、深厚而坚实的褐色及稳定的中性色等。

**4. 色彩与心理、性格的关系**

选择与人的性格相协调的色彩是构成服装美的又一个重要因素，任何一个人因成长的过程和环境不同，所以性格也不同。俗语讲，一个人一个性格。因而，反映在对服饰的色彩要求上也就不同了。我们往往可以通过一个人的着装色彩，来了解这个人的性格。因此，对各类人物的性格分析就成为我们在选配服饰色彩时首先要做的工作。

通过从色彩的象征性和对人们的普遍心理及性格分析中，我们可以看到：大体上性格温柔的人喜欢温暖的色彩，性格内向的人喜欢沉静的色彩，性格爽朗的人喜欢明快的色彩，性格刚烈的人喜欢红色或对比强烈的色彩。总之，要得到与穿着者性格相符合的色彩，就必须认认真真地去分析着装者的性格特征，才能达到目的。

# 第三节　服装款式的选择

服装的款式是服装的外部轮廓造型和部件细节造型，是设计变化的基础。外部轮廓造型由服装的长度和围度构成，包括腰线、衣裙长度、肩部宽窄、下摆松度等要素。

## 一、服装款式的线条分析

服装的外部轮廓造型形成了服装的线条，并直接决定了款式的流行与否。内部线条是省道线、开刀线、褶裥等。

**1. 服装的廓形**

服装的造型无论怎样变化，都是有特定条件的，它离不开人体的基本特征，因此我们在做设计时是可以寻找其变化的规律的。服装的外廓造型的变化，主要是在人体的肩、腰、底摆的长短与围度变化。由于这几个部位的宽窄松紧变化，形成不同的服装外廓造型特点，我们将其用英文字母特征归纳成A、H、T、O、X等基本型。同时，在基本型的基础上稍作修饰变化又可产生出多种变化造型来。

（1）A型　A型服装造型为上身收紧，下摆宽大。外形呈正三角形，具有稳重安定感，充满青春活力、洒脱、活泼的特点，它可以是服装着装的整体造型设计，也可以是服装的个件造型设计。用于男装如大衣、披风、喇叭裤等有洒脱感；用于女装如连衣裙、喇叭裙、披风等有稳重、端庄和矜持感。高度上的夸张使女性有凌风矗立、流动飘逸的感觉，其变形如帐篷形、圆台形、人鱼形等同样具有活泼、洒脱、充满青春活力或优雅高贵的风格（图2-16）。

（2）H型　H型也称矩形、箱形、筒形或布袋形。其造型特点是平肩、不收紧腰部、筒形下摆，因形似大写英文字母H而得名。H型在运动过程中可以隐见体形，呈现出轻松飘逸的动态美，显得简练随意而又不失稳重。穿着时可掩盖体形上的许多缺点，展现多种服装风格。这种廓形运用直线构成肩、胸、腰、臀和下摆或偏向于修长、纤细或倾向于宽大、舒展。多用于外衣、大衣、直筒裤、直筒裙的造型，具有简洁、修长、端庄的风格（图2-17）。

（3）T型　T型廓形类似倒梯形或倒三角形，其造型特点是肩部夸张、下摆内收形成上宽下窄的造型效果，T型廓形具有大方、洒脱、较男性化的性格特征。第二次世界大战期间曾作为军服式的T型廓形服装在欧洲妇女中颇为流行。皮尔·卡丹将T型运用于他的服装设计中，使服装呈现很强的立体感和装饰性，是对T型的全新诠释。T型廓形用于男装可以显示刚健、威严与干练的风度，用于女装可以表现大方、精干、职业的女性气质（图2-18）。

（4）O型　O型廓形呈椭圆形，其造型特点是肩部、腰部以及下摆处没有明显的棱角，特别是腰部线条松弛，不收腰，整个外形比较饱满、圆润。O型线条具有休闲、舒适、随意的性格特征，在休闲装、运动装以及家居服的设计中用的比较多（图2-19）。

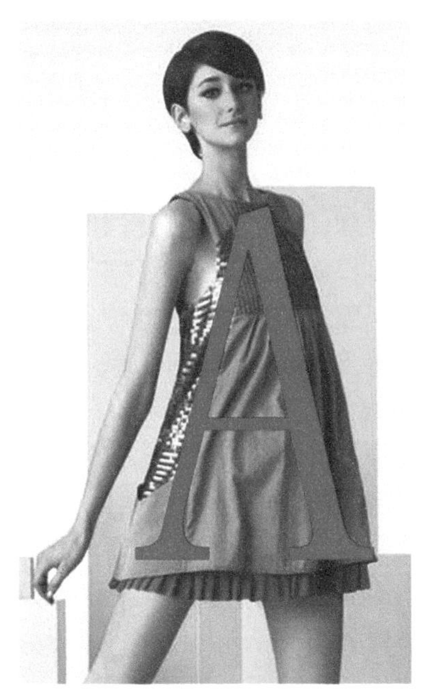


图2-16　A型廓形服装

图2-17　H型廓形服装

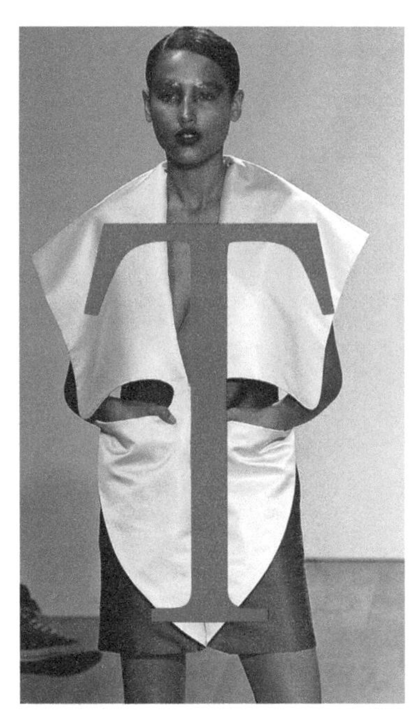


图2-18　T型廓形服装

图2-19　O型廓形服装

图2-20　X型廓形服装

（5）X型　X型线条是最具女性体征的线条，是倒正三角形或正梯形相连的复合形，类似字母“X”。这种廓型是根据人的体型塑造细微夸张的肩部、收紧的腰部、自然的臀型，接近人体的自然形态曲线，是较为完美的女装廓形，充满柔和、流畅的女性美，其变形有“S”形、自然适体形、苗条形、沙漏形、钟形等。无论是哪种造型都能充分展示女性的优美和高雅。在经典风格、淑女风格的服装中这种线型用得比较多（图2-20）。

**2.服装的内部线条**

服装除了外形轮廓线设计外，还有缝接线、衣褶线、分割线、装饰线等。恰到好处地利用结构线的设计能达到意想不到的绝佳效果。服装款式设计就是运用这些线来构成繁简、疏密有度的形态，并利用服装美学的形式法则，创造出优美合体的服装。服装的结构线就是指体现在服装各个拼接部位，构成服装整体形态的线，主要包括省道线、开刀线、褶裥等。

服装中的省道线、开刀线与褶裥虽然外观形态不同，但在构成服装时作用是相同的，就是使服装各部件结构合理、形态美观、达到适应人体、美化人体的效果。服装结构线不论繁简，都是由直线、弧线和曲线三种线结合而成。直线给人单纯简洁的感觉，弧线显得圆润均匀而又平稳流畅，曲线如抛物线、螺旋线等，动感较强，具有轻盈、柔和、温顺的特性，适合表现女性美。

（1）省道线　人体是凹凸不平具有曲线变化的，当把平面的面料披裹在人体上时，人体与面料之间就会产生空隙，省道的作用就是通过收掉这些空隙使服装贴合人体，使二维的面料转化为立体的服装造型。根据人体部位的不同，“省”一般分为：领省、肩省、胸省、腰省、臀位省、后背省、腹省、手肘省等。其形态多为枣核省、锥形省、平省等。由于女性的腰部较细，胸部、臀部明显凸出，因此胸省、腰省、臀位省在女装的设计中尤为重要。胸省位于前胸部位，以乳凸为中心，向四周呈放射形。胸省的量是乳凸、前胸腰差和胸部设计量的总和，通常是左右对称的。胸省的处理对服装造型的影响非常大，当然，有时为了保持前胸部位的面料纹样的完整性，也需要用肩省、腰省与之配合，使之更富于变化，丰富服装的造型。臀位省位于后臀部，女性的臀部丰腴后翘，因此需要在此处适当做省道处理，才能使裙、裤等服装适体而美观。另外，对于上下连体的服装而言，胸省、腰省及臀位省通常是设计成为一体的。根据造型的需要，省道可以是单个集中，也可以分散于各个方位；可以与外廓形协调，设计成直线、弧线或曲线形等。作为设计师应熟练掌握各部分的省道转移变化，以获得不同造型效果的服装。

（2）褶裥　装饰性较强的褶裥也属结构线。褶裥是三维立体服装的不可或缺的造型手段。在二维的面料平面上打上或多或少的褶皱，也就赋予了这块平面面料三维造型的本质，使它具备了披挂在人体上就能自主塑造三维空间的能力。褶裥具有一定的放松度，易于人体活动，又能利用褶裥线的排列组织干扰视觉，以此利用视错校正人体体型的缺点和不足，再者褶裥的曲直起着积极的装饰作用，能调整服装材料潜能和格调，极大地丰富立体空间。

（3）开刀线　开刀线又称剪辑线、分割线，它是指在服装设计中，为满足造型美的需求，把衣服分割成几个部分，然后缝制成衣，以求适体美观。剪辑线主要分为实用性剪辑线和装饰性剪辑线两种。前者是指为满足造型需要而进行的分割，其作用与省道相同。后者则是指在满足造型需求的同时，对剪辑线进行的装饰性的处理，使其具有实用性与装饰性的双重作用，以满足设计的多种需求。剪辑线可以分为：垂直分割、水平分割、斜线分割、弧线分割、弧线的变化分割和非对称分割等六种基本形式。

服装结构线中根据不同的款式风格和体态特征，巧妙地运用省道、褶裥和开刀线，充分考虑内外结构线的统一与协调，才能使服装造型更为丰富多彩。

## 二、服装款式与体型的关系

服装的造型和款式常能展示人的气质和风度，能体现时代的风貌。一件合体的服装，一旦与着装者的形体完全结合，就会随着人在言谈举止中所产生的不断变换的姿态，展现千姿百态的主体造型，显示出风采诱人的魅力。服装的美只有伴随在人体型美之中，才能充分体现。服装不仅要遮掩、修饰形体的不足，而且要突出并加强形体的美感，所以服装的选择不仅要求色彩与肤色、妆色相协调，与体型的相适应、相协调，还要求服装的款式、质地、制作工艺及服装的饰物等与体型相适应、相协调。

人的体型不尽如人意处多种多样，现实生活中难以寻觅天生完美无缺的人，一个人体型上或多或少的缺憾，完全可以通过服装款式的选择来扬其所长、避其所短（图2-21～图2-25）。

### 1. 香蕉型身材

身体外形线条直线，没什么特别的曲线，肩宽与臀宽大约相等，尤其是没什么腰部曲线，整体外观为香蕉型。所以香蕉型身材最忌讳的就是看起来像一个“麻杆”，别人看不出身材的曲线，塑造腰身曲线的办法有很多，比如扎一条腰带，或者把上衣塞进裤子，又或者搭配收身高腰裤，这些搭配都能塑造一个完美的腰型，这样看起来就是一个有腰身的“麻杆”了（图2-21）。

### 2. 苹果型身材

苹果型身材是指上身比较浑厚，胸部过分丰满，与上半身相比，其臀部和腿部则略显消瘦。这类身材最忌讳的是紧身连衣裙，宜用宽松的上装遮掩胸部的丰满，用紧裹的一步裙穿出S型身材，夏天可以白色T恤搭配修身铅笔裤，尽显完美的双腿曲线（图2-22）。

图2-21　香蕉型身材的着装搭配

图2-22　苹果型身材的着装搭配

**3.梨型身材**

梨型身材的人臀部及大腿脂肪过多，就是说脂肪主要沉积在臀部及大腿部，上半身不胖下半身胖，状似梨形。修饰这种身材需要选择上身宽松、有层次感一些的衣服来弥补窄小的上身，比如T恤外搭配一件夹克或者开衫，夏天可以选择有蕾丝边的或者宽松款短袖，通过衣服来协调上半身和下半身（图2-23）。

图2-23 梨型身材的着装搭配

**4.沙漏型身材**

沙漏型身材，是指身材如同沙漏的形状特征：上下半身都十分结实，表现在肩部胸部比较宽厚丰满，腰胯及臀部较大，而腰身纤细，是一种丰满中不失窈窕的性感身材。着装搭配越简单越好，因为过多的装饰会喧宾夺主，而忽略了好身材。这类身材穿衣不会遇到那么多难题，但是如果精益求精，可以选择高腰腰带加强优势（图2-24）。

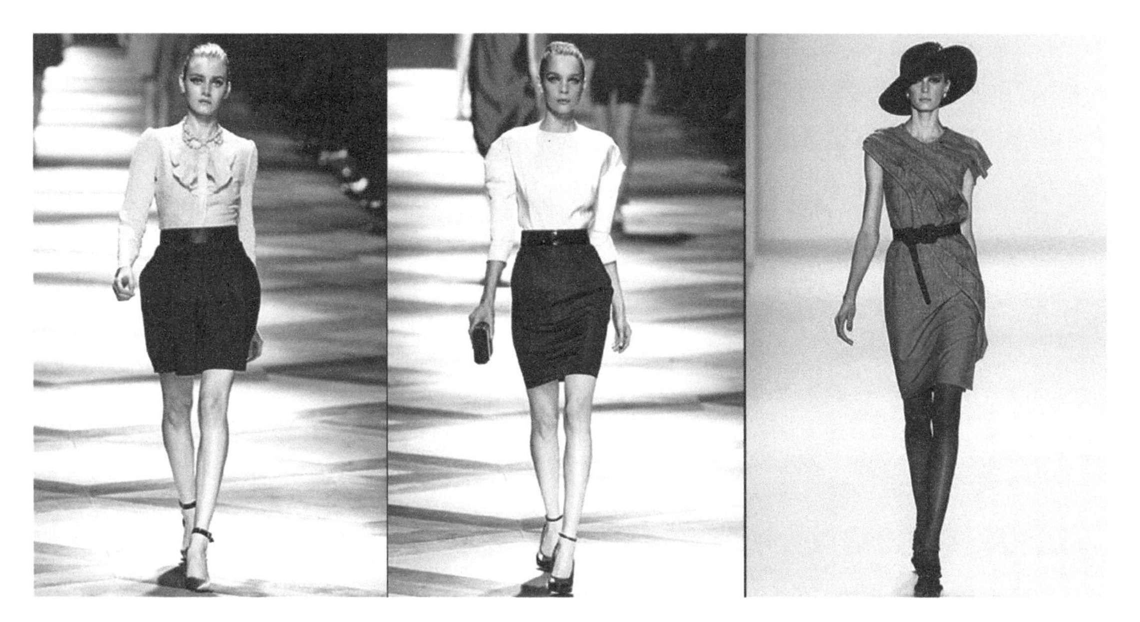

图2-24 沙漏型身材的着装搭配

**5.矩形身材**

和香蕉型身材差不多，矩形身材的身体外形线条直，没什么特别的曲线，肩宽与臀宽大约相等，但是不同的是，矩形身材相比香蕉型身材还是有肉的。所以矩形身材的女性可以从丰满的优势入手，让所有的曲线都在上半身体现，V领T恤、V领连衣裙等等所有能展现上身丰满曲线的服装大可以去尝试（图2-25）。

图2-25　矩形身材的着装搭配

**6.瘦小身材**

宽松的服装会让小巧的身材看起来像淹没在了衣服里，所以一定要选择紧身，或者收腰、包臀的衣服。这样能够拉长身材比例。选择有竖条纹的服装，竖条纹能够延长身材，反之身材矮小的女孩就不要尝试横条纹了，会显得又矮又胖的。

# 第四节　服装材质的选用

服装材质是服饰色彩及图案的载体，服装艺术通常被称为是“材料的软雕塑”，材质在服装中占有很重要的地位。由于服装材料质地、肌理、手感到性能的不同，服装所表现出来的视觉效果也截然不同。懂得服装的材料与种类，灵活运用材质要素，是服饰搭配的重要基础。

## 一、不同材质的特点分析

服装材质作为服装三要素之一，不仅可以诠释服装的风格和特性，而且直接左右着服装的色彩、造型的表现效果。不同的纤维织成的面料，对色光的反射、吸收、透射程度各不相同。

即使用同一色的染料对不同面料进行染色，由于其表面光滑程度不同，色彩也会呈现差异。如同一种黑色，在棉布上显得非常质朴，可是在丝绸上就显得高贵华丽。服饰搭配时仅仅借助于色彩的力量是远远不够的，如能熟悉材料的质感，即便是同一色的服饰搭配组合，依旧可以利用材料质感与触感的差异，营造出丰富的服饰层次（图2-26～图2-28）。

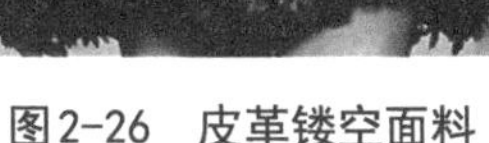

图2-26　皮革镂空面料

图2-27　真丝面料

图2-28　硬朗皮革面料

**1.柔软类材质**

常见的一般表现较为轻薄、悬垂感好，有针织面料、丝绸面料、软纱类材质等。其造型线条一般容易顺从着装者的轮廓自然舒展，往往能体现出女性柔情似水、动感、浪漫、优雅等特征，可采用简洁合体的线型造型体现人体优美曲线，也可运用褶裥堆积效果或宽松造型表现面料的自然流动感。设计者可充分发挥柔软类材质的这两个特点。

**2.挺括型材质**

挺括型材质线条清晰有体量感，能形成丰满的服装轮廓。常见有棉布、亚麻布和各种中厚型的毛料和化纤织物等，该类材质可用来突出服装造型精确性的设计。如衬衣、西服、套装的设计。

**3.光泽型材质**

光泽型材质在我们的生活当中运用较多，通常是配合有简洁的设计或者是服装面料上的闪亮装饰来达到时尚的效果。光泽型材质包含面料的光亮和面料上装饰物的光亮，它们表面光滑并能反射出亮光，有熠熠生辉之感。这类面料包括缎纹结构的织物，最常用于晚礼服或舞台表演服中，产生一种华丽耀眼的强烈视觉效果。

**4.透明型材质**

透明型材质质地轻薄而通透，具有优雅而神秘的艺术效果。因为面料的透明感强，常与其它面料搭配使用，为了表达面料的透明度，常用于线条自然丰满，富于变化的H型和圆台型设计造型。

**5.镂空型材质**

镂空型材质常贴体使用，恰到好处地运用，通过材料特殊的质感和局部细节，可以把不可能出现在一起的风格、材质等时装元素搭配在一起，能较好地突出面料本身的材质特色，体现服装的多样化面貌。

**6.厚重型材质**

厚重型面料厚实挺括，能产生稳定的造型效果，包括各类厚型呢绒和绗缝织物。其面料具有形体扩张感，不宜过多采用褶裥和堆积，设计中以A型和H型造型最为恰当，近几年也有适度用于O型设计。

**7.组合型材质**

服装的材质美在于组合之美。设计师首先要体会面料的厚薄、软硬、光滑粗涩、立体平滑之间的差异，通过面料不同的悬垂感、光泽感、清透感、厚重感和不同的弹力、垂感等，来悉心体会其间风格和品牌的迥异，并在设计中加以灵活运用。创造性地将不同材质混搭在一起，不同质地、肌理的面料完美搭配，更能显现设计师的艺术功底和品位。

## 二、服装材质选用与体型的关系

面料是人们的第二层肌肤，它有塑造身型的作用，不同的面料具有不同的造型风格，如丝绸的软薄、呢子的挺括、麻织物的垂感等，更有由于组织结构的不同在织物表面呈现出来的肌理、色彩也不同，可以弥补人体的先天不足。

**1.刚柔性**

刚柔性是指织物的抗弯刚度和柔软度。抗弯刚度是指织物抵抗弯曲形状变化的能力。织物的刚柔性直接影响服装的廓形与合身程度。

硬挺的面料如硬丝、麻、各种化纤混纺织物，其张弛的特性不适宜做包裹人体的设计，其容易造型的特点可以满足着装者修正自己不足体型的心理。软的面料会使体型表露无余，所以过胖或过瘦的人都要慎用。但对于身材极好的人倒是可以显露体型的优点，无论男女都可选用柔软合身的针织类服装，针织品能使身材显得饱满，可以显现美好的体型。个子高瘦的人大都棱角分明、骨感强、缺乏圆润感，在面料的选择上多突出些柔软的要素会使其看起来丰满些。极瘦的人要在服装与人体间留出适当的空间余量，如果选择薄软松懈的面料以及简洁的款式容易使自己的体型线一览无余，可以采取横线分割的视错效果或褶裥等增加量感的方法来改善。

**2.悬垂性**

悬垂性反映织物的悬垂程度和悬垂形态，是决定织物视觉美感的一个重要因素。悬垂性能良好的织物，能够形成光滑流畅的曲面造型，具有良好的贴身性，给人以视觉上的享受。服装面料的悬垂外观风格受面料的回弹性等力学因素的影响，也受面料色泽、纹样、织物结构的综合感觉影响。悬垂性的材料有精纺毛料、粘胶织物、各类丝绒等。悬垂性的材料有显瘦的效果，是胖体型的人用来匀称体型的选择材料。

**3.光泽度**

有光泽的面料如丝绸、锦缎、金银线织物、尼龙绸等，是晚礼服、社交服装的常用材料。这种服装在灯光的辉映下有着灿烂夺目的效果。但是有光泽的布具有反射光线的作用，会加大人体的膨胀感，穿着者在运动中，光影会显露出人体的轮廓，太胖或太瘦的人选用有光泽的面料容易暴露自己体型的缺点。所以要驾驭好闪光面料的膨胀效果，不妨在小面积的晚装包、高跟鞋、头饰等配饰方面动心思，可收到事半功倍的效果。瘦小体型的人选用表面凹凸粗糙的吸光布如棉布、呢组织等织物，会显得人体饱满柔和。但是如果材质厚重有凹凸明显的粗织纹，仍然有一定的膨胀感，胖体型的人不宜选择。

**4.体量感**

服装面料的体量感表现有两层含义：一是指“物理的量”，松软与厚重的材料自身的量感能表现服装的体积感。如厚粗毛料量感上有着安全的厚重感，是秋冬季服装的常用面料。厚重材料具有增大形体的感觉，所以体型肥胖的人要慎用，瘦体型的人穿时也一定要掌握好廓型和比例，不要有累赘的感觉。相反，丝绸、纱罗织物、乔其纱、烂花等织物则有薄而轻的感觉，这些织物会表露穿着者的实际体态。合适的内衣或衬里便显得相当重要了。“物理的量”还表现为用料的数量与装饰物的多层次：如体型瘦的人选择的服装加上一些服装的材料代替肌肉，使身体显得丰满些。加上褶裥可以使身体和衣服之间增加一些空间。如胸部不够丰满的女性可以选择胸部多层次的褶皱装饰来丰实扁平的感觉；而胖体型的人服装结构要干脆利落，不要使用能够产生体积感的工艺技术，如褶裥的装饰。二是指“心理的量”，也称张力刺激。表现为心理上的扩张，还表现为几何形态足够产生的视觉力度。如体型偏瘦的人选择有分量的廓形，选择挺括有型的硬质面料可使塌陷的部分得以补充。

**5.服装面料花型**

服装面料的图案花色及纹样种类也会影响到穿着的效果。一般来说，花朵纹样因其具有可爱感、和蔼感及女人味是女装使用较多的图案。对于过胖的体型应该选择小花型的纹样，不宜选择大花、大点、宽条等图案本身具有扩张感的面料。相反，大格子花纹、横色条纹能使瘦体型的人横向舒展、延伸，变得稍丰满。高大型的人宜选择中等大小的图案，过小的图案纹样与高大的体型形成鲜明的对比更宜显出人体的高大，过大的花形由于图案本身有扩张感使高大的体型更为显眼。胖体型的人不宜选择曲线图案的面料，这种纹样更加强调圆的感觉也强调了人体曲线，适宜选择那些不清晰的形、曲折交错构成的不规则图案。如闪光图案利用线的错觉现象，在平面图形中加入了立体感、动感，这种纹样具有吸引别人视线而忽视其他部分的作用，所以也是一种具有覆盖体型效果的纹样形式。

条纹与其他花样相比有明快感、轻便感、坚硬感、严厉感、严肃感，所以常作为男装面料的选择纹样。条纹面料中条纹随着方向性的使用方法不同会产生不同的视觉效果。横向条纹能使瘦体型横向舒展、延伸，看起来稍微丰满；竖向条纹能使胖体型直向拉长，产生修长、苗条的感觉；斜线可以增加服装的动感。胖体型的人在服装纹样或结构线中采取这种线型可以增加轻便感的效果。

## 第五节　首饰搭配修饰

首饰有着悠久的历史和许许多多的样式，每种式样都有其装饰性和功能性。古往今来，人们总是对首饰情有独钟。稀有珍贵的首饰，成为世界各地大大小小的博物馆、社会名流以及私人收藏家的珍贵收藏品。独特的首饰工艺精湛、材料珍贵，是创造者的一项动人心魄的贡献。从设计创意来看，这些丰富的艺术品造型反映了它们所处年代的艺术风格与特征，首饰的构成材料和工艺则反映了其所在年代的科学技术水平，从而留下了强烈的时代烙印。

首饰有狭义和广义之分。狭义的首饰，专指那些由贵重原料（金银，珠宝）精制而成的，用于装饰头部的保值装饰品。广义的首饰，指的是那些由各种材料以各种方式制成的，用于美化人体各个部位的纯装饰品和实用装饰品（图2-29、图2-30）。

图2-29　纯装饰品

图2-30　实用装饰品

## 一、常见首饰的类型

首饰的品种有头饰、面饰、胸饰、手饰、带饰、足饰、实用装饰等7大类，近40多种。所用原料有金、银、玻璃、水晶、珊瑚、珍珠、贝壳、玛瑙、大理石、陶土、宝石、象牙、黄铜、胡桃木、铁、钢、合金、塑料、线麻、竹编等。目前，首饰分类的标准很多。不同的分类原则产生不同的分类方法，归纳起来主要有以下几种。

**1.按材质分**

有金属首饰、非金属首饰和珠宝首饰等。

**2.按制造工艺分**

有镶嵌宝石首饰和素金首饰。

**3.根据设计师的设计风格、首饰消费对象、市场等因素分**

有商用首饰和艺术首饰。

**4.按佩戴位置分**

有①头饰——包括帽饰、发饰、额饰等；②面饰——包括耳饰、眼镜、鼻饰、牙饰等；③手饰——包括戒指、手镯、手链、肘镯、臂镯、装饰手表等；④胸饰——包括项链、颈链、挂坠、别针、胸花、徽章、领夹、领花等。

**5. 按佩戴者性别分**

有男性首饰和女性首饰。

另外还有一些不很常见的珠宝饰品，如脚链、腰链、头饰、鼻钩、领花、袖扣、皮带扣，以及使用珠宝装饰用品，如镶嵌宝石的手表、鞋帽、文具、眼镜等。

## 二、首饰的选择与搭配

首饰的种类、质地、造型、色彩千差万别，而佩戴首饰的每个人也各有各的特点，同一种首饰佩戴在不同人的身上，会产生不同的效果。那么，如何使自己通过佩戴首饰达到最佳的气质和效果呢？在不同环境、不同条件下应佩戴什么样的首饰？如何通过首饰的选择使整体着装更时尚？除了对各种首饰的了解以外，还需要掌握首饰佩戴艺术中普遍的美学原则（图2-31、图2-32）。

图2-31　首饰的烘托作用

**1. 首饰与服装的搭配**

（1）材质与风格相协调　服装与首饰是密不可分的，单一地追求服装美或首饰美都会使人感到不完美、不协调，只有首饰在材质和风格上与服装相协调才能让人感到和谐之美。原则上是穿什么质地的服装配什么质感的首饰，穿什么风格的服装配什么风格的首饰。如民族风格的服装，配上银质、贝壳、陶瓷等材质的首饰，别有一番乡土风情；豪放、粗犷风格的服装，选用的首饰也应是热情奔放、光鲜亮丽的；轻松、简洁、面料高档的服装，搭配抽象的几何首饰，具有一定的稳重、温柔之感。

（2）款式与色彩相配套　首饰与服装搭配，要特别注意造型款式和色彩上的呼应和配套。常见的配套方式有耳环与项链两配套，耳环、项链、戒指三配套，耳环、项链、戒指、手链四配套，耳环、项链、戒指、手链、胸花五配套等多种类型；首饰的色彩要根据不同场合、不同环境、不同服装来进行搭配，但色彩不宜过多过杂，可以是同类色相配，也可以在协调中以小对比色点缀，素色服装可配以鲜亮、多色的首饰，艳丽的服装

图2-32　首饰的呼应与点缀作用

配以素色的首饰。

（3）身份与体型要切合　首饰与服装搭配，要注意切合人物的身份和体型，表现出每个人不同的气质和风度。年轻的姑娘，身穿飘逸的连衣裙，温柔淡雅，佩戴款式活泼的新潮首饰，既清纯，又现代感十足；中老年妇女，身穿合体的旗袍裙，佩戴一对小巧的金耳插，手戴一个细细的的镶宝闪光戒，显得格外端庄大方。

（4）场合与习俗要遵从　首饰与服装搭配，还必须遵从场合和约定的习俗。不同场合、不同服饰应该搭配不同的首饰，在一些发达国家，人们十分注重社交礼仪中的首饰佩戴，如果选择了不合时宜的首饰，不仅会使自己的形象大打折扣，还会给人不礼貌的感觉；不同的地区、不同的民族，佩戴首饰的习惯做法也有所不同，要了解并且尊重。如戒指通常应戴在左手，戴在不同的手指表示不同的含义：戴食指上表示求婚，戴在无名指上表示订婚或已婚，戴在中指上表示未婚，戴在小拇指上表示还是一个单身贵族等。

**2. 首饰与体型的搭配**

首饰的佩戴是为了更好地装扮自身，达到美好的形象。一般来讲，体胖、脖颈短的人不宜佩戴大颗粒的短串珠，以避免看上去脖颈更短；瘦高的人适合佩戴较短的项链或多层组合链，使过于突出的脖颈用饰品点缀而得到掩饰；瘦小的人不宜佩戴过分夸张的首饰，佩戴小巧、精致的首饰能够增强娇柔、伶俐的感觉；胸部不丰满的女性不宜为了暴露出项链而穿低胸服装，佩戴合适长度的项链能够弥补这一缺点。

**3. 首饰与性格的协调**

一些心理学家研究认为，人的气质与精神状况、文化素养、审美水平、衣着装扮都有一定的联系。个人的审美观和欣赏能力对装扮起着决定性的作用，素养较好、美感较好的人，往往可以把自己装扮得和谐而有魅力。

每个人的性格、长相、体态都不一样，要很好地把握自己的特点去选择首饰，以取得良好的整体效果。如选择吊坠时，一般三角形适合于个性活跃者；方形适合于有事业心的女士；星形适合于爱幻想的少女；椭圆形适合于稳重成熟的妇女。对男士来说，首饰结构多用方形，给人以稳重感。

**4. 首饰与脸型的搭配**

首饰常常装饰在脸部周围，因而选配首饰时应认真确定自己的脸型，根据不同的脸型特征来搭配相应的首饰。

（1）圆形脸　这种脸型搭配首饰的原则是尽量使两颊变窄，上下延长，选择佩带一些细长的项链，如佩戴V形项链。圆脸型女士们的耳环应是长方形的，这种有垂直感的耳环会使圆脸显得秀气。短款、圆形或垂挂式的耳环都会使脸型显得更圆，长而下垂的项链会使脸显得秀丽。

（2）方形脸　这种脸型搭配首饰的原则是选择一些竖向长于横向的弧形耳环，起到拉长视觉效果的作用，例如：叶子形、新月形悬吊式耳坠；胸前佩戴V形线条的饰品，可以延伸脸的下部空间。不适宜粗短项链和等内角的几何图案和造型的耳环饰物，以尽量减少横向感；也不宜佩戴圆形耳环，因为圆形和方形并置，在对比之下，方形更方，圆形更圆，因而不适合。

（3）长形脸　这种脸型的特点是上下方、中间长，故佩戴的饰物应适当增加脸部横中线的宽度。这种脸型选戴面积大而光彩夺目的镶珠宝耳插或短而无坠的圆形耳环，可使脸部显得较宽；长脸型适宜应选择圆短的项链，不宜佩戴细长的项链，以免形成下大上小的三角脸。

（4）椭圆形脸　这种脸型可选配的首饰范围较广，但选择首饰要适中，过长过短也不适宜。长发佩戴红宝石的荡环会给人一种妩媚柔和之感，短发佩带翡翠耳插会显得十分高雅。

（5）梨形脸　这种脸型打扮起来难度较大，一般的原则是增大脸上部的宽度。应该选择粗短项链，并佩链坠。项链宜短不宜长，宜粗不宜细，因为长项链可以起到延长下颚使其变削的效果。

（6）心形脸　这种脸型的特点是上方（或圆）下尖，很适合佩带短链、项圈等任何佩戴起来能够产生“圆形效果”的项链，尤其是有圆形珠子的，更能够产生“圆效果”的感觉，可以增加瓜子脸美人下巴的分量，让脸部线条看起来比较圆润、丰满。横条纹的链坠能平衡尖下巴，让脸部线条看起来比较柔和圆润。

（7）菱形脸　菱形脸跟心形脸类似，有着俏人的尖下巴，这种脸型的特点是前额窄顶部逐渐变细，窄下巴和略显尖端的颧骨。首饰佩戴可参照心形脸。

## 思考与训练

1. 如何判断脸型？
2. 非标准体型有哪几种？
3. 简述色彩的三大属性。
4. 简述色彩的情感效应。
5. 简述服装廓形及特征。
6. 论述首饰的选配对服饰形象的影响。

Fashion Design of Image

# 第三章／日常生活类服饰形象设计

## 学习目标

了解职业场合、商务场合、婚庆场合、晚宴场合、休闲场合的服饰形象塑造的原则以及款式、色彩、面料、饰品搭配的准则；了解少年儿童、中老年人的服饰形象设计的原则与方法。

Chapter 03

# 第一节　职业场合服饰形象设计

在日常着装搭配中，职业场合着装是否得体尤为重要。得体着装不但能塑造良好的气质修养，使自己充满自信，体现严谨的做事风格，更易受到认可与尊敬，为事业的发展起积极推动作用。在职业场合每一天里都应呈现一种全新的着装面貌，迎接新的任务与挑战。其实，我们在自己的主体着装格调之外，在把握自身条件及需求的情况下，还可以朝另外风格突破，打造多种服饰形象。

## 一、职业场合的着装原则

首先，职业场合的着装必须要吻合职业场所的工作要求，就是要适应工作环境所需。其次，要符合职业类型。在金融、教育、机关、媒体、艺术等领域的职业着装有许多不同。再次，要体现自身的职业岗位级别。从岗位的低中高级别中能妥当地体现工作的具体岗位。一位高级管理层的职业装扮，必须从着装中体现管理者的严谨、稳重、可信的一面。最后，要体现自身的专业深度。

## 二、服装款式的选择

下面将模拟一位优雅的Rose小姐，假定在外企职业场合，其具体的体型线条是直线柔和型，对时尚较为关注，且有较高的审美修养。下面我们将为其设计职场服饰的5个搭配风格。

**1. 优雅星期一**

星期一是本周的第一次“亮相”，不宜太严肃，且要保持职场格调。若在春夏季可挑选有花色的雪纺衬衫，搭配一条单色直筒裤，配上一双高跟鞋，再单肩背个湖蓝色小挎包，一个温婉中不失时尚度的优雅装扮呈现在眼前。若在秋冬季我们可在柔软的花毛衣外搭一件裘皮围巾或背心，下配一条铅笔裤或一条齐踝包臀针织裙。

图3-1所示的上衣，其胸线以上直线褶为饰，往下以曲线为主，下配包臀短裙，呈现上直下曲的线条特征，吻合直线柔和体型的特点。面料质地挺括，素雅的浅紫色与藏青相配，整体用色典雅而不失流行。颈部点缀深色短款项链，与裙装颜色遥相呼应。

**2. 正装星期二**

星期一的中高层领导会议精神将在星期二的会议中落实布置，往往是各部门相约谈公务的日子，着装应该多几分干练与严谨。可以穿着三件式套装，内搭白色、驼色、浅粉色等色的衬衫，深色外搭小西装外套或长款简约风衣，下配铅笔裤、高跟鞋，手拿信封手包或单肩背包，点缀围巾、项链及耳环，整体着装端庄大方。

图3-2所示两组套装搭配，都以三件式搭配，分别是外套与中裙、外套与裤子的组合。整体以直线为主，下装分别配了紧身的中裙与铅笔裤，下身主要突出曲线，而上身强调直线。款式整体搭配简约、干练，色彩低调中不失内敛与沉稳。

**3. 高调星期三**

星期三是一周里工作热情最高昂的一天，着装更要斗志昂扬，以此来提振精神，面对新的工作压力。服装的颜色可挑选鲜亮或清新的颜色以舒缓情绪，排解压力。薄荷色圆领雪纺衬衫外面配宝蓝色外套或针织开衫，下配灰色或橘黄色及膝包裙，整体着装把握休闲又不失严谨的格调。另可选搭波士顿包、水桶包及各式肩包，切记颜色不宜太鲜亮。

图3-3所示的是亮丽绿色外套配花色打底裤，整体着装充满活力之时又不失正气。上装的面料挺括，其廓型挺直，吻合职场及体型要求。色彩以绿色为主基调，单色与花色相配，色彩和谐。亮色与暗色组合，层次分明。

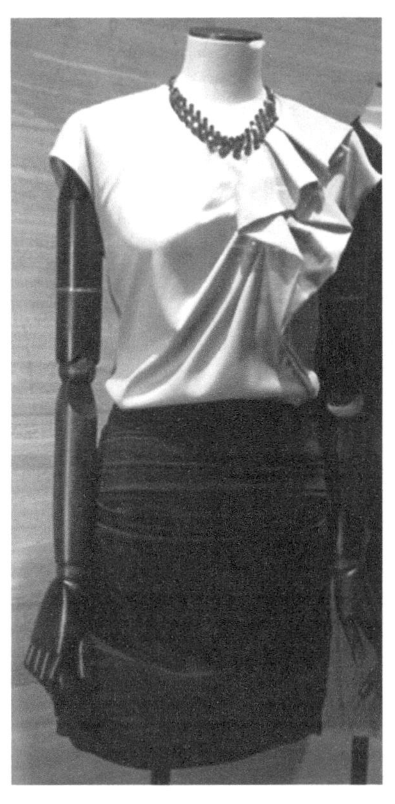

图3-1　优雅

图3-2　正装

图3-3　高调

**4. 犀利星期四**

紧张的星期三过去之后，周四的工作干劲有点懈怠了，后面的几天很关键，还需要振奋精神，在着装上也不可懈怠。这天的服装需要在外形上呈现硬朗与坚定的一面，由此对服装的款式、质料提出特殊的要求。上装可穿垫肩的白色硬质外套，下配皮裤、牛仔裤，脚穿箭头短靴，手拿时尚信封包，再配一条夸张金属项链。整体着装在体现干练精致的同时，不失时髦与个性。图3-4所示的是黑白直线连衣裙外搭皮衣，在面料的质感上形成材质软硬搭配的强对比，颜色以无彩色搭配，黑白层次分明。

**5. 休闲星期五**

终于迎来了星期五，一周的工作将告一段落，通过着装可以放松紧张的情绪，服饰自然以轻松活泼装扮为宜，带着好心情迎接周末的到来。在一件针织条纹T恤外，搭配一款运动针织衫，下配一条及膝中长裙或驼色中裤，脚穿中筒靴或软底鞋，肩背双肩包或斜挎包，若在秋冬季可再戴一顶毛线编织的帽子，整体着装轻松而简约。图3-5所示的是三件式组合，休闲皮质外套内搭中长款针织衫，下配银色紧身裤，再背鲜艳的橘黄色斜挎包，头戴深色礼帽，整体装扮休闲大气且不失稳重。

图3-4　犀利

图3-5　休闲

## 三、职业场合服装色彩的选择

女性的职业装既要端庄，又不能过于古板；既要生动，又不能过于另类；既要成熟，又不能过于性感。相对于休闲装来说，职业装往往色调单一，样式循规蹈矩。然而，职业装里也能找到空灵与时尚的感觉，只要在细节点缀处善于发现。

黑白两色搭配低纯度、中明度的颜色比较能体现稳重而含蓄的搭配风格，另外点缀小面积的艳丽色彩，也能较好地展现女性活泼开朗的个性。浅驼色不适合搭配反差很大的上装，与不同蓝色相配总能展现令人惊喜的效果。中灰色是最好配色的基础色，但要避免沉闷的感觉，通常与相对高明度或高纯度的色彩搭配。白衬衫可说是职业装的最佳搭档，以高雅、清晰、简约的风格成为白领的百搭必备单品。除了白衬衫之外，利用不同色系的腰带或丝巾，使平淡的着装平添一种活力与亲和感，此外项链、耳环、胸针等饰品的魅力也不容小觑，它们漫不经心地流露出职场女性浓浓的个人品位（图3-6）。

图3-6　职业装色彩的搭配组合

在职业场合中，不乏有局部肥胖或整体偏胖、偏瘦的体型。如粗腰、肥臀、矮胖、矮瘦等。在搭配中可以利用色彩的收缩、膨胀感及色彩的冷暖、明暗、亮浊等视错效果，来弥补身型的不足。对于矮瘦体型，可选用暖色、亮色来搭配，有效利用颜色的膨胀、扩张视觉效果，以美化整体效果（图3-7）。上下装的色彩、图案选择，适宜上下统一。而不适合选用大花、深色、冷色调的服色，款式也宜简洁大方；至于肥胖体型，可挑选冷色、暗色等具有收缩感的服装色彩；对于臀部、大腿肥胖的体型，上下装色彩的搭配不要有明显的分界线，色彩宜选择收缩感的深色、冷色调，避免选用鲜艳的大花图案面料；如果脖子短，应尽量避免挑选亮色高领的毛衣或围巾；假如胸部大，应少穿大花色服装。若体型不完美，除了通过款式修饰之外，也能结合色彩的运用，达到较佳的着装效果。假如能掌握一些服装款式、色彩搭配的技巧，利用错觉的效应，可以掩盖体型不足，起到扬长避短的作用。

图3-7　高纯度亮色的职业装组合搭配

## 四、职业场合首饰的选择

在职业场合，首饰搭配要与职业特点及工作岗位相适应。根据职业类型的不同，选择适当夸张或优雅、精致风格的饰品。比如从事艺术设计类职业，可佩戴时尚个性化的饰品；在企事业单位从事行政管理岗位，可选择精美传统的饰品。不论何种职业，首饰的搭配要与服装、环境、自身品味融于一体。其材质多高档，风格趋于简约大气之间，切记不宜选用质地粗劣的饰品，搭配拖沓。

# 第二节　高端商务礼仪场合服饰搭配

商务时间的社交活动对商务人士来说是必不可少的，这些活动包括商务酒会、商务宴请、商务晚会等，是商务人士增进感情的重要场合。作为商务人士，按照身份打理自己，是必须要学会的一种技巧。服装、首饰、鞋帽等是否符合目前的身份。职业人的商务身份包含行业身份和职业身份。行业有保守型行业、娱乐性行业，身处哪个行业，就要体现出这一行业中的精神风貌。职业身份要体现出自身职业生涯发展的阶段性特征，假如是普通员工阶段，要契合职业发展身份，而中高层管理者就要通过服装来体现领导者的形象魅力。

## 一、商务场合的着装原则

衣着要与场合相协调。与顾客会谈、参加正式会议等，衣着应庄重考究；听音乐会或看芭蕾舞，则应按惯例穿正装；出席正式宴会时，则应穿中国的传统旗袍或西方的长裙晚礼服。白天工作时，女士应穿着正式套装，以体现专业性；晚上出席鸡尾酒会就须多加一些修饰，如换一双高跟鞋，戴上有光泽的佩饰，围一条漂亮的丝巾；服装的选择还要适合季节气候特点，保持与潮流大势同步。

## 二、商务场合服装款式的选择

### 1. 套装

在正式的商务场合中，职业套装讲究合身，以单色为最佳之选，无论什么季节，套装都必须是长袖的。套裙有同质同色的两件式套装，也有同质同色的三件式套装。除此之外，还有异质异色的两件式或三件式套装。套装的造型多为H型、X型，过于宽松的套装显得不够庄重。商务套装的裙子应长及膝盖，坐下时直筒裙会自然向上缩短，如果裙子离膝盖的长度超过10厘米，就表示这条裙子过短或过窄。皮裙、迷你裙、吊带衫（裙）、七分裤等服装不适合于商务场合。套装并非一定要高档华贵，但须保持清洁，并熨烫平整，穿起来大方得体，显得精神焕发。

套装内往往需要搭配衬衫，衬衫的下摆应塞入裙腰之内，而不是悬垂裙子之外，也不能在腰间打结；衬衫的纽扣除最上面一粒可以不系上，其它纽扣均应系好；衬衫之内应穿内衣，不可显露出内衣的颜色和图案（图3-8 ~图3-10）。衬衫的面料要求轻薄而柔软，可选择真丝、麻纱、纯棉。色彩要求雅致而端庄，且不失女性的妩媚，只要不是过于鲜艳的颜色，不和套裙的色彩排斥，各种色彩的衬衫均可；衬衫色彩与套裙的色彩协调，内深外浅或外浅内深，形成深浅对比，最好无图案。

图3-8 商务黑白套装组合搭配

图3-9 商务场合衬衫与裤装的搭配

图3-10 商务套装二色搭配

### 2. 鞋子

船鞋最适合搭配女士商务套装，露趾和露脚后跟的凉鞋不适合商务场合，平底鞋、坡跟鞋、环带鞋、长筒靴等都不适合商务场合穿着。任何有亮片或水晶装饰的鞋子都不适合于商务场合，这类鞋子只适合正式或半正式的社交场合。鞋子的颜色最好与服装、手提包的颜色一致或协调统一。商务场合鞋跟的高度一般在两三厘米为佳，对于个子不高的女性，可以放宽到五厘米，切不可选择七八厘米高的皮鞋，因鞋子过高而导致站立失衡而跌倒，那可是得不偿失的。皮鞋的颜色多为黑色、白色、裸色、深棕色，无论哪一种颜色都需要严格地、规律地和正装相搭配（图3-11）。最好穿肉色的丝袜，但切忌搭配渔网、暗花之类过于性感的丝袜。丝袜的长度很重要，切忌穿裙子时搭配短丝袜。

图3-11　适合商务场合的单鞋

## 三、商务场合服装色彩的搭配

不同色彩会给人不同的感受，如深色或冷色调的服装让人产生视觉上的收缩感，显得庄重严肃；而浅色或暖色调的服装会有扩张感，使人显得轻松活泼。因此，可以根据不同需要进行选择和搭配。色彩以低明度、冷色调为主时，以体现着装者的硬朗、庄重和深沉感；色彩以中等纯度为主时，以体现着装者含蓄、内敛且不失高贵感；当色彩以高明度的暖色调为主时，可更好地体现着装者温柔、亲和之感；当色彩偏向高明度冷色调时，更能体现着装者冷静、时尚且不失亲切之感。服装颜色应该根据自身体型、肤色、发色等特点来选择，高纯度的颜色建议不在商务场合选用，套裙的全部色彩不应超过两种（图3-12）。

图3-12　商务场合职业套装色彩的搭配

## 四、商务场合服装面料的选择

男士在商务场合多以西服套装搭配衬衫，颜色多以黑、蓝、灰、深咖啡等颜色为主，西服的面料可以选用全毛花呢、涤纶黏胶混纺花呢、涤棉混纺面料等。衬衫的面料可选择涤棉府绸面料。女士商务场合的服装面料除了选择与男士相对应的面料之外，还可以选择纯毛粗纺呢，如条花呢、华达呢，以及缎料、丝绒、高支府绸及麻细纺等面料。面料色彩的选择空间较大，但是面料的图案应避免奇特新颖的大花图案，例如夸张的骷髅、动物等图案。此外，职业装对面料的质地有特定要求，比如面料要厚薄适中，避免清透；面料的挺括性及悬垂性要好，能符合职业装端庄工整的造型要求；面料的抗皱性要佳，以保持服装良好的外观。

### 五、商务场合饰品的搭配

巧妙地佩戴饰品能够起到画龙点睛的作用，给女士们增添色彩。但是佩戴的饰品不宜过多，否则会分散对方的注意力。佩戴饰品时，应尽量选择同一色系。佩戴首饰最关键的就是要与你的整体服饰搭配统一起来（图3-13）。

**图3-13　适合商务场合佩戴的首饰**

## 第三节　婚庆场合服饰形象设计

婚礼服饰是服装的一部分，已有悠久的历史。不同地域民族的婚礼服饰体现了各自独特服饰文化内涵及审美特点，如东西方的婚礼服饰在造型、色彩等方面折射了各国在文化传统、社会习俗、宗教哲学思想等方面的差异性。随着人们生活水平的提高，人们对服装品位有了更高的自我要求，对婚礼服饰的选择更是倍加重视，促使婚礼服饰逐渐向品牌化、个性定制化方向发展，以满足不同人们心理及精神的各种需求。

### 一、中西婚礼服饰简述

在宋代，将凤冠霞帔列入礼仪服饰，因其外观造型与装饰工艺不同而区分等级。到了明代，豪门闺秀和庶民女子出嫁时也可穿戴凤冠霞帔。20世纪初期常见的传统中式婚礼服饰有长袍马褂和凤冠霞帔。新郎有穿西装结领带的（图3-14），也有穿长衫，带西式礼帽的。新娘有穿婚纱的，也有穿中式旗袍的（图3-15）。之后，婚礼服演变为新郎穿蓝色中山装，新娘则穿旗袍或红袄裙。到了50年代至70年代初，新郎新娘穿制服或绿色军装（图3-16）。至80年代初，随着改革开放开始，西式婚纱礼服逐渐受到时尚女性的青睐（图3-17）。从90年代至今，婚礼服种类繁多。

在古希腊时期的米诺三代王朝中，贵族妇女所穿的袒胸，胸、腰处系带的衣裙，是西式婚礼服的雏形。文艺复兴时期紧身衣具和裙撑塑造了服装的立体外观，为婚纱礼服造型设计做了铺垫。到了17 ~ 18世纪，受巴洛克与洛可可艺术的影响，礼服呈现隆重、壮观的风格。19世纪婚礼服更加精彩纷呈而多元化，婚纱开始采用绸子、网状薄纱面料。1840年英国维多利亚女王举行婚礼时所穿的白色礼服，奠定了白色婚纱作为近现代正式婚礼服的坚固地位。

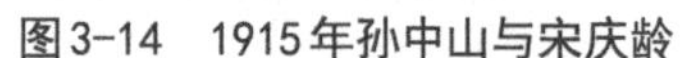
图3-14　1915年孙中山与宋庆龄

图3-15　20世纪初期婚礼着装

图3-16　20世纪70年代

图3-17　20世纪80年代

## 二、现代婚庆场合的婚礼服着装原则

婚礼服属于正式礼服，婚礼服的造型风格千姿百态、风格各异。但总体而言，款式通常精美华丽，有很强的炫示性。其面料、造型、工艺等方面比日常生活装有更高的要求，重要的一方面是对穿着者的身份、职业、经济地位有着明显的标示作用。

此外，婚礼服体现着装者品格，要符合礼节，显示品格，表达敬意。为迎合夜晚奢华、热烈的气氛，选择的款式要与夜晚的婚宴主体氛围相呼应。服装美的价值要反映主体的身形条件、审美趣味，还必须符合客观环境的审美思想，还要遵守社会公德和习俗。

## 三、传统中式婚礼服饰搭配

传统的中式婚礼服借鉴中国历代的婚礼服形式，常见的有汉朝时期的深衣（图3-18），明朝时期的凤冠霞帔，唐朝时期的袍衫（图3-19），清朝时期的旗袍，在当今的婚礼服中，形成中式传统婚礼的服饰形象。随着人们对个性化、民族潮流化的追求，越来越多的年轻人模仿古代婚礼服饰形式，举办汉服婚礼。

图3-18　汉式婚礼服

图3-19　唐式婚礼服

**1.褂、袄样式婚服**

通常对褂的定义为短外衣，亦称罩衣，有棉、夹、单之分，清代始称褂，至今仍在沿用，是罩在外面的衣服（图3-20～图3-22）。褂通常指的是正式场合的一种礼服形式，褂也是妇女上衣的一种，褂长一般过臀或长至膝，圆领大襟或者对襟，两边开衩，领缘和下摆刺绣镶绲装饰。“传统婚服”褂以“大”字型的特点，有的款式没有剪斜，服装的肩部与袖子是直接相连的；也有立领、西装领、圆领；服装的下摆均比服装的胸腰部宽；服装的裁剪制作中没有任何省道，服装均以二围平面的造型表现出来。如今国内许多婚纱影楼仍然青睐于传统中式新娘、新郎造型，许多新型的袄、褂样式婚礼服，依然在现今的婚纱礼服中占有一席之地（图3-23）。

图3-20　晚清时期大红褂

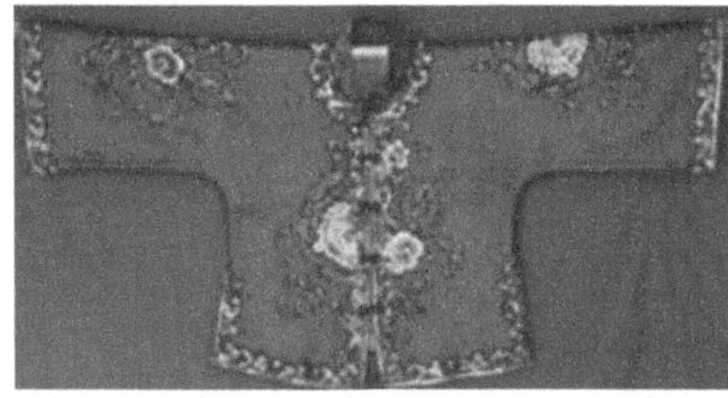

图3-21　民国初期大红褂

图3-22　民国初期大红褂

现如今在中式传统婚礼中，与上穿褂、下着裙的新娘婚服相配，新郎的服装也有沿袭袍褂的样式。有的圆领对襟短褂内搭立领长袍，有的立领大襟短褂内搭圆领长袍（图3-24）。

**2.旗袍样式婚服的搭配**

“旗袍”一词在《辞海》中的描述为：“旗袍，原为清朝满族妇女所穿着用的一种服装，两边不开衩，袖长八寸至一尺，衣服边缘绣有彩绿；辛亥革命以后为汉族妇女所接受，并改良为：直领，右斜襟开中，紧腰身，衣长至膝下，两边开权，袖口收小。”旗袍是汉人对旗人女性服饰的一种称谓，源于满族女性传统服装。民国时受西方服饰文化影响，汉族女性适当改良了

图3-23 传统新娘婚服

图3-24 传统新娘、新郎婚服

旗袍的形制，并由“中华民国”政府于1929年确定为国家礼服之一。20世纪20年代，旗袍款式仍然宽大平直，下摆比较大，廓形呈“倒大”的形状。30年代的旗袍逐渐走向成熟，几乎达到了旗袍文化的巅峰（图3-25）。在近几年的婚礼中，旗袍受到众多新婚夫妇的喜爱，旗袍样式的婚礼服被越来越多新人采用（图3-26）。除了身着婚礼服的新娘以外，新人的母亲、伴娘以及前来观礼的女性们也开始对旗袍样式的婚礼服产生认知，开始选择旗袍样式的礼服参加婚礼。

图3-25　民国时期旗袍造型的变化

图3-26　常见旗袍式新娘婚礼裙

如今中山装常被用作正式礼服来穿着，婚礼场合中新郎常穿中山装与中式新娘造型相配。中山装是以孙中山先生名字命名的一种服装，款式的设计以中式服装为基础，吸取西式服装的优点，经多次改良所形成的服装。至70年代，中山装不仅成为正式官服，也是老百姓的日常服，并逐渐成为传统婚礼服中新郎的重要着装之一（图3-27）。近两年，伴随着传统服饰文化潮流的兴起，旗袍、唐装、中山装等传统服装又逐渐受到人们的青睐（图3-28）。

图3-27　20世纪中山装样式

图3-28　现代中山装式新郎婚服

中式古典婚礼服样式可在周朝的上衣下裳制中找到原型，如今改良后的中式古典婚礼服受深衣、长衫、袍服、大衣、连衣裙、旗袍、中山装、西装等服装的影响，经局部细节的革新，呈现的女士婚礼服有对襟、大襟、琵琶襟样式的大袖上衣配桶式长裙，多采用织锦缎料缝制而成；如今常见的中式古典婚礼服也同样呈现出传统、优雅、规范、庄重的格调，在婚庆典礼上依旧受到新婚人士的喜爱。

**3.少数民族婚服的搭配**

民族式婚礼服在当前各少数民族婚礼场合较为常见。也有借鉴少数民族婚礼服饰样式，并作局部款式改良，形成具有民族韵味的婚礼服饰形象。苗族女子婚嫁穿用的服装，常有右衽或圆领之别，右衽上衣多用镶绣工艺装饰，而圆领交叉上衣饰以银片、银泡、银花点缀；男子盛装为左衽长衫，外着马褂，面料多用丝绸，颜色常用青色、蓝色和紫色。服饰风格有的华丽精美，有的优雅简约，而有的朴素实用。许多民族能善于自织布匹、精于刺绣工艺、帽饰及银饰制作。所呈现的百态服饰风貌，反映了少数民族的智慧与勤劳（图3-29、图3-30）。

图3-29　苗族婚礼服

图3-30　回族婚礼服

## 四、西式现代婚礼服饰搭配

现代婚礼服常见的款式有鱼尾裙样式和字母型款，常见字母型款式有“A”型、“H”型、“X”型等，这些款式与我国近代中式婚礼服相比，中式传统婚服多了些含蓄、内敛和宽松自然之感，而西式现代婚礼服更能突现形体的凹凸变化，因而受到我国女性的喜爱，也使得我国女性婚礼服的设计偏向于紧身、凸显体型的外型轮廓线型为多。

**1.古典新娘婚礼服搭配**

“古典”一词由罗马人最先提出，既包含了古代经典的意思，又有深厚、庄重、典雅的文化内涵，以追求规范为目标。“古典”基于理性，是简单的、静态的、严谨的、高贵的、典雅的、规范的、精粹的表现，而且也很超凡脱俗，很注重于固定又完美的形式，所以，强调合理性，也更注重传统的观念。

西式古典式婚礼服的样式有承袭欧式宫廷隆重的传统服饰样式，夸张轮廓，采用裙撑、胸垫、臀垫等辅助造型方法，强化女性丰腴的胸部线条和纤细的腰部曲线。在1905年前后，保罗·波烈推翻女用紧身胸衣之后，自由轻松的新样式，体现女性优雅、简约的主体风格。这一女性服装的革命性转变，也同样影响到了之后婚礼服古典造型样式从繁复逐渐转向简约。

（1）“A”型古典新娘婚礼裙

“A”型婚礼服裙，肩部设计常有吊带或无袖设计，胸部合身，腰部收紧，腰线有高、中、低腰之别，下摆展开，整体上紧下松。上身通常结合蕾丝修饰、刺绣、透空绣、珠片绣及镶嵌宝石等装饰手法，增添礼服的精美与隆重感。腰身以下裙摆常有复叠式结构设计，用多层薄纱重叠，或者外层修饰蕾丝。下摆有长及膝盖上下、及地、拖摆等设计（图3-31）。

图3-31 “A”型古典新娘整体造型设计

除了裙摆复叠款式以外，也有将面料点缀上蕾丝的花朵，在白纱的点缀下更加妩媚动人，洋溢着青春的味道，更能体现新娘含蓄的优雅与性感的美。总之，古典样式的“A”型婚礼裙外观设计规矩、严谨，细节设计精粹、简约。

（2）“A”型古典新娘整体造型设计

该款式婚礼裙对新娘上半身的体态要求较高，能充分展示新娘的颈、肩、手臂、胸及腰的优美线条，同时可以遮盖新娘扁臀、凸腹、粗腿等下半身的体型劣势。倘若新娘的身材匀称，骨感较强，选择该款婚礼裙能较好展现其优雅的风姿。

为能塑造古典新娘的形象，新娘发式的设计尤为关键。常有手推波纹、盘髻、包发等干净清爽的设计；也有长波浪卷发，再编辫的设计，整体整洁、有序，头饰配以珠链、鲜花、蕾丝、仿真宝石、皇冠等。小头纱根据发型的设计亮点，有置在上、中、下部位，若婚礼服款式相对简约，可搭配精美的头纱；大头纱通常与量感较大的婚礼服搭配，呈现精致而典雅的外观印象（图3-32）。

图3-32 古典新娘发型与妆容设计

**2.简约新娘婚礼服搭配**

该类型婚礼服是现代较为流行的一种婚纱风格，外形简洁、线条流畅，不加过多的装饰，没有繁复的细节，有时可结合时装流行样式进行设计，能够衬托新娘的清秀、纯真气质。简洁大气的线条常用奢华的面料以及合体的裁剪定义新娘婚礼服的简约风格，不过于繁复的装饰，时髦而不失于流俗，简约而不过于刻板，优雅庄重且不失活泼感，服装整体造型简洁大方（图3-33）。

（1）“H”型简约婚礼裙的特点

该款式婚礼服上身合体，自腰部开始向下逐渐宽松，从而给人一种飘逸感。从外轮廓设计上看，其胸、腰、摆三处的外侧几乎呈直线状态。内部结构有公主线分割、抹胸抽褶设计。不论外部轮廓设计，还是其内部结构分割，两者都呈精简之态，没有繁琐的剪裁及装饰。但在款式分割、细节的装饰及面料的选用环节，时有点睛之处。如图3-34“H”型婚礼服胸部利用立体剪裁与面料的肌理效果，在视觉上给人以胸部丰满的感觉；腰部偏上部位采用收腰设计，呈典型的“H”型特征；在高腰线部位设计一块斜裁的面料，下摆采用悬垂性强的面料长及脚面。

（2）穿着“H”型婚礼服新娘造型设计

“H”型婚礼服胸部的设计较合身，有无袖窄肩，也有抹胸高腰，上半身修身，而下半身呈现直筒型外观特点。该款式对新娘肩、胸及手臂等部位有要求，若其颈、肩、手臂、胸等部位有较好的曲线，将能展示其上身完美的着装效果。该款式因其腰部放松，对于腰粗、凸腹等下半身的微胖体型，有良好的修饰作用。

简约风格的新娘造型，选择一款设计简洁的婚礼服是造型的关键一步，新娘发式用披发、盘髻、包发等精简的设计；整体造型设计低调而不失大气，常用仿真宝石及鲜花、珍珠等。根据新娘的身高，可以选择大小不一的头纱点缀（图3-35）。

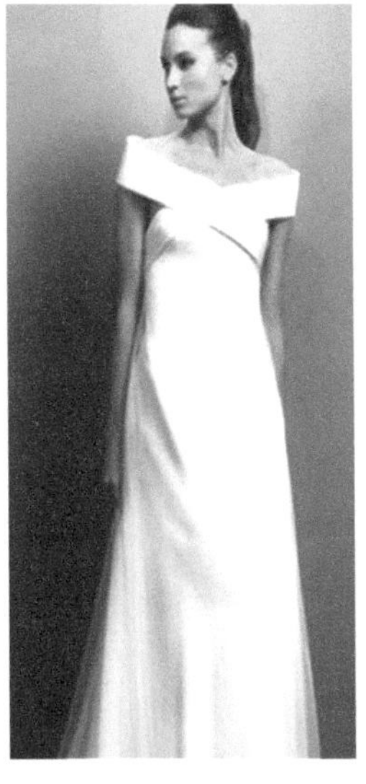

图3-33　简约样式婚礼裙

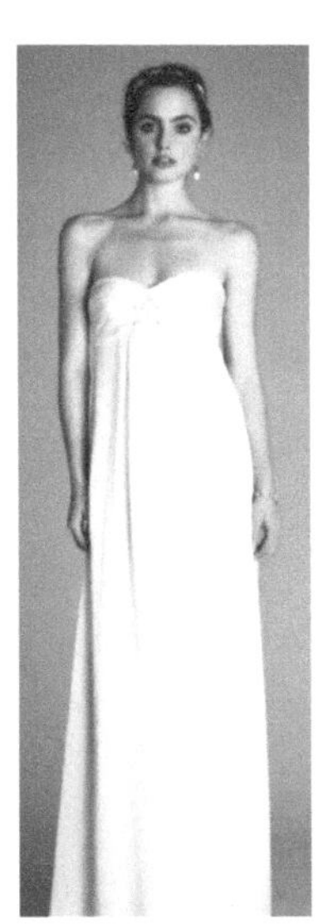

图3-34　“H”型简约式婚礼裙

图3-35　简约式新娘发型设计

**3.浪漫新娘婚礼服搭配**

浪漫风格是借鉴晚礼服风格而形成的婚纱，强调女性特征，常采用飘逸的轮廓线条，服装款式可以用荷叶边多层叠加设计来展现服装整体的柔美风格，强化款式的立体、飘逸感。薄如烟雾的薄纱、棉纱，珍贵透光的雪纺、娟纱，花朵图案，下摆长线条抽褶，上衣饰珍珠、大蝴蝶结或大小变化的立体胸花，可将女性的柔媚、娇媚展现得淋漓尽致。

（1）“鱼尾裙”型简约婚礼服的特点

“鱼尾裙”型婚礼服，上身紧贴人体曲线直至臀部，一般从膝盖向上5 ~ 10厘米的位置收紧后逐渐向外变大。扩张的下摆常是款式的视觉亮点，常通过纵横向分割设计，达到外扩的效果。下摆与衣身的所用面料有时为同质，有时为异质；有悬垂飘逸裙摆，也有轻盈朦胧的拖尾。后背的设计常用“v”、“T”型，也有“菱形”、“椭圆形”设计，选用面料有虚有实，独特的背部设计增添了服装的韵律美感（图3-36）。

（2）穿着“鱼尾裙”型婚礼服新娘造型设计

鱼尾婚纱适合身材比例、曲线较好的新娘，尤其对腰臀曲线有极高的要求，不适合腰部脂肪较多，且臀部扁平的体型。鱼尾婚纱会收细腰身，将性感和浪漫齐聚一身，是富有幻想新娘的最爱。鱼尾婚纱对于内衣的要求极高，此外下身不够修长的新娘应该避免选择，同时选用收腹、提臀功能较好的内衣，可增添“鱼尾裙”良好的着装效果。

浪漫新娘的眼影色彩可以更丰富，细节的点缀可以突破常规。例如，眼线周围用略微的紫色、粉色、金色、银色、橙色、黄色等搭配色；也可以在其眼线周围粘贴略微夸张地眼睫毛或水钻等饰物。发型的设计可以别出心裁，头饰的搭配也可打破常规。如图，用密密麻麻的珠饰网纱包发遮面，含蓄而不失现代，梦幻而不失高贵；也可以通过夸张头饰，衬托整体张扬而个性的新娘（图3-37、图3-38）。

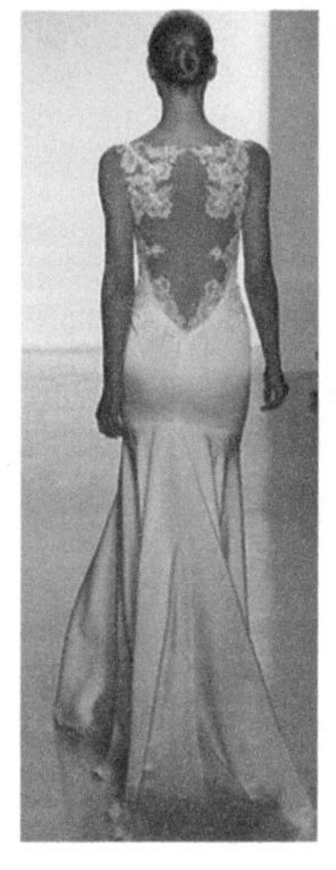

图3-36 “鱼尾”型婚礼裙

图3-37 浪漫新娘整体设计

图3-38 浪漫新娘发型设计

**4. 华丽新娘婚礼服搭配**

图3-39 华丽型新娘婚礼裙外观造型

华丽型婚礼服的特点是华丽的、大气的、夸张的、气势的、醒目的。一方面通过气势磅礴的外轮廓设计，突出其华丽大气的外观；另一方面通过毫不吝啬的豪华装饰，突出整体外观的精致与奢华。例如欧式宫廷的奢华风，最能有效诠释华丽外观造型。

（1）“X”型华丽婚礼服的特点

“X”型华丽风格的婚礼裙整体做工精美、装饰华丽、雍容华贵、造型以X廓型为主，造型上常在裙子的后部下摆处加长形成裙拖，或在裙子的后下摆处附加裙拖，延长婚纱的体积。大量运用刺绣、饰花、荷叶边、手工镶珍珠、缀光片、烫钻等工艺手段，形成一种浅浮雕效果，看上去繁华隆重、绚丽多姿。面料常采用高档的织锦、丝缎、天鹅绒等（图3-39）。

（2）穿着“X”型婚礼服新娘造型设计

华丽风格的“X”对新娘胸腰部位要求较高，若新娘具有纤细的腰身，丰满的胸围，该款型婚礼裙极为适合。此外，往往骨架较小的身形更容易穿出亭亭玉立的华丽外观，一般骨架粗壮的体形不太适合选择奢华隆重婚礼裙，最好选择古典与简约的造型风格。体形娇小的新娘塑造华丽风格，适宜选择外观造型简约，而细节装饰绚丽精美的设计；而身形高瘦的体形更容易驾驭廓形大气的款型（图3-40、图3-41）。

图3-40 华丽型新娘礼服整体造型

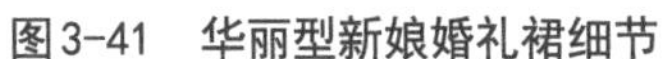

图3-41 华丽型新娘婚礼裙细节

眉型与眼线的设计应有一定的量感，可以略粗。发型的设计在新娘的整体设计往往处于配合从属地位，通过包发、盘发及编发等技术，将发型处理整齐。发式的造型以简约精致设计为妙，头饰有皇冠、花冠、钻石、蕾丝等材料。往往以简约的头纱做细节的点缀，整体造型完整而统一。

**5. 前卫新娘婚礼服搭配**

大胆前卫形式是与经典形式对立的服装风格，主要给人以时代尖端、新锐反派的视觉效果。着装的形式打破正常规范的形式，走向无序与随意的风尚。大胆前卫服装形式主要体现在服装结构及材料的标新立异。款式结构设计夸张大胆，运用不对称、强对比等方式体现；面料新潮，或体现高科技，材质搭配繁复无序；图案设计具有反常规和反叛性等特征。

（1）前卫型婚纱特点

大胆前卫型婚纱整体造型特征以怪异为主线，富于幻想，运用具有超前流行的设计元素，线形变化较大，强调对比因素，局部夸张，追求一种标新立异，反叛刺激的形象，是个性较强的服装风格。对经典美学标准做突破性探索而寻求新方向的设计，常用夸张手法去处理婚纱的形、色、质的关系（图3-42）。前卫样式的婚礼服在造型上可使用多种形式的线造型，分割线或装饰线均有，规整的线造型较少，尤其是局部造型夸张时多用立体造型表现，如奇特的领型、膨体袖型、错落的下摆等，面料使用奇特新颖，如上光涂层面料等（图3-43）。

图3-42　前卫新娘服饰特点

图3-43　前卫婚礼服面料特点

（2）前卫新娘造型设计

前卫新娘的造型通常出现在T台走秀或新娘造型技能大赛上，根据不同的目的，婚纱的设计有的廓形造型奇特，有的结构设计暴露，有的局部设计夸张，有的用材特殊。为配合婚纱的特殊设计，头饰通常新奇大胆（图3-42），通常利用假发片和饰品增添发型的空间，烘托整体造型的一致性。

新娘的妆面不能因为服装的与众不同而设计另类，必须本着美化五官，吻合造型整体为出发点，可在眼影用色、眼影设计、眼线结构、口红用色、口红廓形设计以及钻饰的点缀等方面寻求突破。

# 第四节　晚宴场合的服饰搭配

## 一、晚礼服着装原则

现代社交活动中难免会遇到一些宴会邀请，当我们收到邀请时需要弄清楚宴会的来宾以及场合的正式性。如果在请柬上标有“黑色领结”，出席宴会时必须穿着晚礼服，长短不限。如果出席的是鸡尾酒会，那在着装上较晚宴要来得日常一些，选择衣柜中不那么低胸露背的礼服就可以出席了。但是，如果鸡尾酒会后还有正式的晚宴那么我们就需要选择一件讲究的低胸裙装，外搭一件合适的外套。

## 二、晚礼服款式选择

并不是每位女性都拥有完美的身材，如何通过选择合适的礼服款式来修饰出完美的身材就成为首要的问题。以下讨论几种常见的型体。

**1. V型体型晚礼服搭配**

V型身材的特征为上身宽大，腰部较细，臀部大小适中，从腿部往下开始纤细，整体给人倒梯形的印象。V型身材的女性肩膀的宽度大于臀部的宽度，因此人们的视线会落在肩部位置，这样就很容易给别人留下“头重脚轻”的视觉感受。因此，V型身材的女性往往不适合在肩部位置进行装饰，要避免任何具有加宽肩膀作用的装饰，如肩章、皱褶等。除了在款式上选择露肩晚礼服之外，装饰中心应移至腰围线以下位置，这样可以在视觉上加大臀部的宽度，人为地塑造出完美的X型身材（图3-44）。

图3-44 “X”廓形设计的款式

**2. A型体型晚礼服装饰手法**

A型体型的女性肩膀单薄，上身苗条，从臀部开始渐渐发胖，臀部较肥大，大腿脂肪较多，小腿不太纤细。由于下身较上身肥胖，别人对A体型女性的视觉中心会落在较肥大的臀部，因此A型身材的女性适宜在臀部位置进行分割线装饰，将整体分割化，利用视错原理改变人体的自然形态，创造出理想的比例和完美的体型。另外，肩窄是A型女性的另一缺陷，肩过窄就会显得头部过大，从而会影响到晚礼服着装后的整体效果，因此可以将装饰重心放在肩部、手臂等处，从而在视觉上创造“强调重点”的效果（图3-45）。

图3-45 强调袖子设计的款式

**3. O型女性晚礼服装饰手法**

O型身材的女性胸部丰满、腰部腹部脂肪堆积、臀部肥大，属于典型的肥胖体型。因此该体型女性的晚礼服应强调细节设计，尤其要思考胸部设计的亮点，将视线锁定在上半身。避免采用大面积的褶皱、立体花、蝴蝶结等立体式的装饰，如果是满花的形式，印花图案的选择也是极其有讲究的，图案大小应适中，过大或过小反而会更加突出肥胖的特征；颜色应偏向深色调；除了印花，省道线的装饰最适合O型身材的女性，利用公主线或刀背线将礼服进行分割处理，不仅具有塑形的作用还可以在视觉上达到拉长身型的效果（图3-46）。

**4. H型女性晚礼服装饰手法**

H型身材的女性从正面看，肩部与臀部围度基本相等，胸围、腰围、臀围的尺寸差异较小；从侧面看，臀部显得扁平。因此该体型的女性在利用装饰修饰自己体型时应在胸部位置进行重点装饰，款式的设计要拉开胸腰差、腰臀差的比例。如在胸部、臀部位置装饰褶皱、立体花、蝴蝶结等，如此便能使其产生丰满的视觉效果；除此之外，收紧腰部也可以达到同样的效果（图3-47）。

图3-46　细节装饰的深灰色礼服

图3-47　深色的小花收腰款式

## 三、晚礼服色彩选择

虽然黑色小礼服被时尚杂志一再推崇为显瘦的首选色，但是如果有其他更合适的颜色可以选择，建议尝试选择其他类型的颜色，因为在宴会上通常会遇到很多穿黑色礼服的女性。每个人都有自己独特的色彩特征和风格倾向，结合该两种特点来选配色彩是非常关键的。亚洲人的肤色常为暖色型和冷色型，这是根据个人的发色、肤色及瞳孔的颜色来诊断个体色彩特征。暖色型人分为春季和秋季风格，冷色型人分为夏季和冬季风格。

## 四、晚礼服面料选择与风格塑造

宴会场合的礼服或商务套装要求面料高档，以示尊敬，表达礼节，显示个人的品位与修养。

我们选料时应考虑面料良好的挺括性、悬垂性及光泽度等质感。适宜的面料种类较多，常见的有高档精纺毛织物、丝绒、锦缎、软缎、蕾丝及乔其纱等。而纯棉、纯毛、纯丝、纯麻等天然面料因为有着易皱、易变形等天然面料的缺点而不易选择。

**1. 高贵华丽风格**

奢华、亮丽的风格在服装搭配中应用较多，可选择一些能反射或漫反射的织物，在光的作用下能产生丝光、闪光甚至变色效果的高科技多种纤维混纺面料。如金属纤维提花面料、铝丝羊毛混纺织物、缎纹面料、大豆纤维与蚕丝组合等面料，极具华丽感。除了选择闪光面料之外，还可选择刺绣、镶嵌、订珠片等装饰工艺的面料，产生精致与富丽感，展现华丽的风格（图3-48）。

此类风格适合个性端庄大方的女性，适于在庆典礼仪、国家元首就职、婚宴等场合穿用。对于肥胖体型要避免使用较色彩艳丽、强光感的面料。

**2. 古朴典雅风格**

土黄色、驼色、深棕色、橄榄绿色等大自然颜色的亚麻与丝混纺织物或蚕丝和亚麻混纺织物及丝、棉、毛等多种原料混合厚薄各异的织物，纯朴自然而不失优雅。结合当前流行的马蹄袖、泡泡袖、灯笼袖、喇叭袖等极具古典美的袖型设计，可以衬托出女性的典雅气质。

此外，还可选择表面肌理感强的亚光面料，如金银线交织的粗花呢面料，结合简练的弧线造型、现代的套裙款式组合形式，突出朴实典雅而不失现代的美感。选择大自然花卉图案的高织棉，高腰圆摆裙，可以表达古朴纯真的风格，适合内敛、含蓄性格的人穿着（图3-49）。

**3. 硬朗大气风格**

从20世纪80年代闯入巴黎的日籍设计师三本耀司的高级时装作品中，可以领略此类风格的特征（图3-50）。皮革、纯毛织物、质地厚重的羊绒等硬挺面料有较强的立体造型特点，结合长裤套装的现代晚礼服式样或“A”、“X”型连体的传统式样，表现女性干练、大气的性格，呈现刚柔相间的风格。

图3-48　高贵华丽

图3-49　古朴典雅

图3-50　硬朗大气

图3-51　柔美浪漫

图3-52　大胆前卫

**4. 柔美浪漫风格**

薄如烟雾的薄纱、棉纱，珍贵透光的雪纺、娟纱，花朵图案，下摆长线条抽褶，上衣饰珍珠、大蝴蝶结或大小变化的立体胸花，可将女性的柔媚、娇媚展现得淋漓尽致（图3-51）。

服装款式可以用荷叶边多层叠加设计来展现服装整体的柔美风格，强化款式的立体感、飘逸感，但层层叠叠的荷叶边，会使身材显得臃肿，不适合身材丰满的女性。

**5. 大胆前卫风格**

大胆前卫风格带给面料自由地展示空间，选料范围更广，材料的组合形式多样而无界限。可选用特殊材料，如金属材料、网状面料、针织面料或后整理褶皱透明面料等，是有效表达该风格的方法之一。同时，通过诠释John Galliano奇思妙想的设计作品（图3-52），发觉将不同特质的面料组合，也能创造出前卫、妖艳而性感的外观风格。

此类风格适合着装形式大胆、时尚前卫个性的人穿着，作为歌星的演出、颁奖典礼用服，具有强烈视觉感染力和隆重的舞台效果。

## 五、晚宴场合配饰的选择

在社交场合，饰品需要有较高的品质，才能与服装搭配协调。一般会选择白金、黄金、珍珠、水晶、翡翠、钻石等高档材质的华贵首饰，其款式工艺精美，价格不菲（图3-53）。其量感的大小，可视场合隆重与否而有所不同。比如，在商务洽谈场合，饰品不需要很大，量感适中；在晚宴场合，饰品量感则要稍大。

图3-53　适合社交晚宴场合的首饰

# 第五节 休闲场合服饰搭配

## 一、休闲场合的着装原则

“休闲服”是指休息、度假时所穿着的服装，它一般宽松舒适、穿脱方便，使人能充分享受闲暇之情致，有利于放松紧张的情绪，是我们生活中不可缺少的服装。它源于运动装和工作装，是人们在锻炼、旅游时穿着服装；它的款式与色彩具有极大的随意性；它又别于职业工作装，是人们日常生活中随意而又不失讲究的服装；它能使人们感到非常舒适而又轻松愉快，受到人们的普遍喜爱。

## 二、休闲场合服装款式选择

**1. 针织套装**

在所有的针织类服装中，既可以穿着上班，又可以穿出随意休闲感觉的，针织类套装应该算是一种。针织类套装有分上下两件式、内外两件式的套装。从外轮廓分有A型、H型、V型以及X型。在颜色上越是深色系、中性色系越是体现出沉稳与干练，越是浅色系或者跳跃感的活泼感的色系越偏重于轻松随意的场合（图3-54、图3-55）。

针织套装因纱线粗细、纱线质地的不同，以及织法的不同，服装的外观效果会产生不同的风格特征，适合不同个性与体型的着装对象。腰臀部肥胖者适合选择薄型面料，挑选V型、H型、A型轮廓的套装更能修饰体型。

**2. 针织外套**

休闲场合常搭开衫外套，显得相对休闲。一般采用粗针编织的外套，显得大气而粗放，备受高瘦体型人的喜爱。而极细针编织的外套，显得细腻而简约，让人几乎看不出来是针织服装，这种纹理的针织外套尤其适合肥胖体型（图3-56）。

图3-54 针织套装

图3-55 针织套装

图3-56 针织外套

**3.针织连衣裙**

这是一款多用途的服装款式。它的图案与花纹决定了它穿着的感觉是活泼休闲还是高贵雅致。春夏款的紧身的针织连衣裙比较适合匀称体型人穿着，而宽松舒适的样式给人以无拘无束的自由感（图3-57），在家居服中被广泛设计应用。秋冬季的针织连衣裙，相对比较厚重，粗放的几何图案，轻柔的马海毛，质朴的圈圈线，带给针织衫以不同的外观效果。

**4.T恤衫**

T恤衫是休闲生活中不可或缺的一种服装，T恤的种类、款式呈多样化趋势。T恤衫的款式有短袖、长袖、紧身、条纹或是印花图案。内搭外穿，搭配牛仔裤、牛仔裙、休闲短裤，轻松又舒适（图3-58、图3-59）。马球衫是休闲服必备单品，搭配上宽松的长裤、牛仔裙或休闲式短裙，运动感的装扮，自在又有型，它与牛仔裤、牛仔外套、牛仔布衬衫、牛仔短裙等单品搭配，轻松而富有活力。

图3-57　针织连衣裙

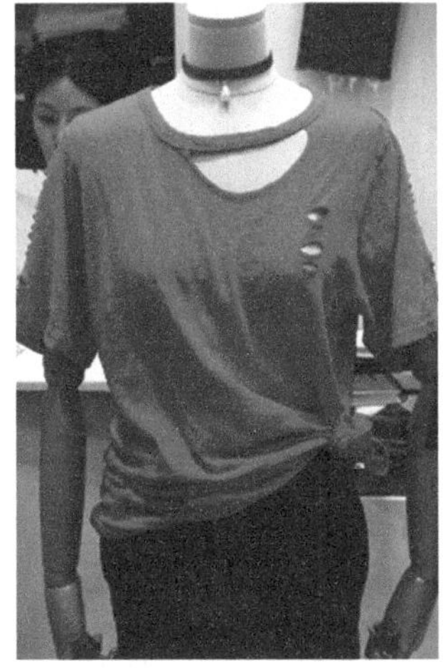

图3-58　女士T恤衫

图3-59　男士T恤衫

**5.外套**

女士外套的种类较多，大体可分为：牛仔外套、毛衣外套、风衣外套、棉衣外套、毛呢外套（长大衣、短大衣）、羽绒外套等（图3-60、图3-61）。风衣外套是具有职业感的一种初秋较适合穿着的款式。风衣起源于第一次世界大战时西部战场的军用大衣，被称为“战壕服”。有前襟双排扣，右肩附加裁片，开袋，配同色料的腰带、肩袢、袖袢，采用装饰线缝。战后，这种大衣曾先作为女装流行，后来有了男女之别、长短之分，并发展为束腰式、直统式、连帽式等形制，领、袖、口袋以及衣身的各种切割线条也纷繁不一，风格各异。

图3-60　女士牛仔外套

图3-61　女士风衣外套

现在女式风衣完全摆脱了风衣的军事化的感觉，将女性的柔美感通过风衣尽显得淋漓尽致。风衣可以搭配印花丝巾来强调重点，胸针也是风衣搭配的好帮手。风衣里面可以搭配衬衣、基本款的高领套头针织衫，下配便装长裤或半身裙均可，但如果要穿出风衣的妩媚感则一定要搭配一双高跟单鞋了。

现在的棉衣外套流行合身度较好或者较为宽松的板型。面料的装饰线条或者叫做绗缝线装饰着棉服外套，轻便的感觉更让消费者动心。从款式上说，类似西装外套的款式，或者最为普通的翻领、单排扣中长款棉衣外套也能穿出新意，有时色彩的选择在棉衣外套上来说更为重要。

## 三、休闲服装色彩的选择

胖人还忌穿大花纹、横条纹、大方格图案的服装，避免款式过于复杂和花边等装饰过多，避免体型横宽的视错觉。胖人着装还应以线条简洁明快的款式为宜，在色彩上胖人应用收缩色，尤其冬季不要穿浅色外衣（图3-62）。

图3-62　适合肥胖体型的连衣裙

高而瘦的人挑选面料图案不宜选用竖条纹的，服装面料也不能选择过薄，显得呆板而缺失风韵之美（图3-63）。稍硬一点的料子会使瘦人看上去精神。最好不要穿窄腰或领口很深的连衣裙，否则露出突出的锁骨，影响美观。如选择带环形图案的面料，袖子采用泡泡袖、灯笼袖，穿百褶裙和喇叭裙，会显得丰满一些（图3-64）。选择颜色深暗的收缩色时，最好适当搭配中高明度的颜色，整体显得协调，尤其适合柔和明亮的中高明度色彩。

图3-63　适合高瘦体型的针织连衣裙

图3-64　适合瘦高体型蓬蓬裙

身材矮小的女性，可利用颜色创出高度，让衣服鞋袜连成一色，看上去会有修长感。小花图案比大块图案更佳，短上衣会显得腿长。要避免下摆印花的裙子，裙子不能太短。对不少人来说，柔软贴身的衣料也能使人修长（图3-65）。

图3-65　适合矮小体型人穿着的服装

## 四、休闲场合服装面料的选择

一般在逛街、购物、走亲、访友、娱乐等场合，我们常穿的服装有针织衫、牛仔服、风衣、夹克衫、休闲衬衫、舒适连衣裙等。为使上述服装具备良好的舒适性、透气性及美观性等功能，服装面料适宜选择涤棉卡其面料、全棉面料、针织面料、涤棉印花面料、牛仔布面料、灯芯绒面料、丝绒面料、涤纶仿丝、防水绸及麻料等。在旅游、网球、高尔夫球、登山等体育锻炼及旅游等户外活动中，运动休闲装的色彩大胆鲜明、配色强烈，面料多选用透气、轻薄、保暖、防水的机织或针织面料，注重防水透湿，注重弹性、轻便与宽松。常用面料有棉、麻、毛、丝、化纤及其混纺织物，具有透气、柔软、舒适、凉爽、吸汗、散热等优点。身材肥胖者，服装的质地不能太厚，显得笨重；也不能太薄，使体型暴露无遗。应选用厚薄适中，柔软而挺括的料子，如华达呢、毛涤纶、棉涤纶等。

## 五、休闲场合饰品的选择

在娱乐、郊游活动、购物消费等场合，着装比较轻松舒适，首饰的材质、颜色及款式都有很大的选择空间。需要注意的是，饰品的色、形、质都应与服装款式风格协调，并能起到点睛作用。可根据自己的个性，选择款式新颖、造型独特样式，如金属、皮质、水晶、珊瑚等质地的饰品，都可作为休闲聚会场合首选的配饰（图3-66）。

图3-66　适用于休闲场合的配饰

# 第六节　少年儿童服饰形象塑造

中国儿童年龄分段划分常见的为五类，即婴幼儿期（0-1岁）、幼儿期（1-3岁）、学龄前期（4-6岁）、学龄期（7-12岁）、少年期（13-16岁）。伴随人们精神和物质生活水平的提高，儿童的服饰着装要求除了具备实用性之外，对服装品牌化、个性化提出了更多的要求，少年儿童的个体形象伴随着装心理的差异化，呈现百花齐放的景象。下面我们将介绍学龄前期、学龄期、少年期三个主要时期少年儿童的服饰形象设计的方法。

## 一、学龄前期儿童身心特点与服饰形象设计

**1.生理表现和心理特点**

学龄前期儿童腰身逐渐形成，腹部平坦，臂围圆润，臀宽略大于胸围，身高约5至6个头长。他们开始学唱简单的儿歌、舞蹈，喜欢做一些游戏和轻简的劳动，他们有了很高的探知欲望和理解力。在道德感、美感、理智感等方面也能在引导教育中发展起来。

**2.学龄前期儿童服饰形象设计**

该年龄段儿童喜爱大自然景色中的浅色调，喜欢鹅黄、天蓝、湖绿、粉红、纯白等色彩，这些颜色能给人一种娇嫩、温和、柔润、恬静的感受。男童更喜爱蓝色、黄色、白色，而女童更喜欢粉红、粉绿、橘色、红色等浅暖色调。图案的选择要根据儿童的性格而定，能刺激孩子的想象。在款式的选择上男孩子以宽松休闲为主，裤裆略长的款式能让孩子有更大幅度活动；女孩子更喜欢一些公主般的蓬蓬裙、精美的连衣裙（图3-67）。面料的选择以棉麻类织物为佳，以保证孩子穿着的舒适性和透气性。背包、提包、帽子、围巾等饰物是搭配中不可缺少的。服装以协调、美观、增强知识性为主。此外，当前的女装流行款也会被应用到童装中，如阔腿直筒裤的搭配带给儿童别样的童趣感。

**图3-67 学龄前儿童的服饰搭配**

## 二、学龄期儿童身心特点与服饰形象设计

**1.生理表现和心理特点分析**

学龄期儿童凸肚直腰的特征逐渐消失，身高约6 ~ 7个头长。男女体格的差异也日益明显，女孩子开始出现胸围与腰围差。他们有了丰富的想象力，同时有了一些判断力，但尚未形成独立的观点。生活范围从家庭、幼儿园转向学校的集体之中，学习成为生活的中心。开始喜欢模仿成人的装束和举止，活动力极强，男童天真顽皮。女童娇柔可爱，并喜欢独立的思考，个性日趋鲜明。

**2. 学龄期儿童服饰形象设计**

学龄期儿童的服装色彩应贴近成人服装色彩的流行。颜色喜欢明亮色的同时，可以适当挑选偏暗的耐脏色彩，以适应户外活动。面料选择要结实、耐磨、易洗、易干。款式造型设计要强调活泼、健康、大方，不能过于华丽，符合儿童的年龄、气质（图3-68）。裤子选配时要有意识地选择裤裆略深、裤笼门略大的设计，以保证孩子较大幅度的活动空间。学龄期儿童开始对服装颜色、质感、设计等方面有了独自的见解，挑选服装通常会参考当前流行的影视剧中人物的造型。夏天穿着的连衣裙工艺简洁为宜，宽松舒适为好。运动休闲装、夹克衫、长裤、衬衫、马夹，这些单品都应该是该年龄段孩子必备的单品，搭配组合时还应考虑到服装的配套性，采用协调的颜色与面料搭配。学龄期儿童的配件搭配应强调实用性，围巾、帽子是秋冬季必备的，手表、手链、项链等精美的首饰也开始吸引孩子的注意。这个阶段的儿童消费欲望增强，而且挑选中能给予主观的意见，开始乐意模仿成年人的着装和行为。

图3-68　学龄儿童的服饰搭配

## 三、少年期儿童身心特点与服饰形象设计

**1. 生理表现和心理特点分析**

少年期儿童的体型已逐渐发育起来，女孩的腰线、肩线和臀围线已明显可辨，男孩和女孩的性特征更加鲜明，女孩的身材也日渐苗条，喜欢打扮自己，盼望自己能够快点长大。少年期儿童逐渐形成了自己独特的个性，自主性强，容易接受一些新事物、新观点、新潮流。在优越环境中长大的独生子女，对于服装的选择有独立的评判意识，且对品牌有了更多的认识。

**2. 少年期儿童服饰形象设计**

少女的服装开始与成人接近，呈现风格多样化的趋势。根据不同少女的成长心理，决定了自身服装风格的倾向。清新亮丽的学院派风格受到绝大多数少女的喜爱，“X”轮廓造型的连衣裙体现娟秀的身姿，上衣适体而略显腰身，下装展开，这类款式具有利索、活泼的特点（图3-69）。此外，泡泡袖（灯笼袖）、衬衫袖、荷叶袖等细节设计精美的款式也是不错的选择。初秋季节穿着的卫衣、线衫、毛衣、风衣、牛仔衫、背带裤、牛仔裙等互相搭配，这些单品也是少女衣柜中必备的单品。在渴望成长心理的驱动下，有些少女也会模仿成人，或穿着时尚成熟的装扮，或穿着性感妖娆的服装，来填补此时内心的成长需求。

图3-69 少年期儿童服饰搭配

少男的服装通常没有少女服装那样花样百出，款式和风格多以英伦风格、酷炫风格、运动活力风格为主。服装品类多由T恤衫、衬衫、西式长裤、牛仔裤、短裤、夹克衣、毛衣、西装、牛仔外套、羽绒夹克、休闲风衣等组成。衬衫和西裤均与成人衣裤相同，外套袖窿通常设计得较宽松自如，以利于日常运动。服装款式因不同品牌风格的特点，有的大方、简洁，有的前卫另类，而有的活力四射（图3-69）。少男服装色彩的选择应取决于其个性，性格内向的孩子常选择低调纯度的、中高明度的颜色；而性格外向，且对时尚敏感的男孩更容易接受高明度的颜色。

不论少女，还是少男，面料选择要以棉织物为主，要求质轻、结实、耐洗，不褪色。装饰的手法多采用带有较强的现代装饰情趣的机绣、电脑绣、贴绣等。此时少年们已是自我行为的决策者，不仅是对自己的消费拥有决定权，而且他们接受信息迅速，知识面宽广，比较喜欢时尚元素，他们的装扮逐渐展现出该时期少男少女的审美观、消费观和世界观。

## 四、不同肤色、体型儿童的着装分析

人们在选择服装时，首先要注意衣服的颜色，孩子对颜色有着原始的冲动和独特的喜好，所以要从孩子的内心需求来选择。此外根据儿童的形体及肤色上做判断，对于一个肤色较暗的小女孩，应首选高明度、高纯度服装。如果小女孩肤色较亮，那么她对色彩的适应范围就宽一些，如穿粉色、黄色、红色，人会显得活泼、亮丽，即使是穿灰色、黑色、人也会显得清秀、雅致。

此外，根据儿童的体形选择适合的色彩。如果是一个比较胖的孩子，要选冷色或深色的服饰，比如：灰、黑、蓝，因为冷色、暗色可以起收缩作用，从错觉的角度让孩子看上去瘦一些；如果孩子比较瘦小，我们给她选择一些暖色的衣服，如绿色、米色、咖啡色等，这些颜色是向外扩展的，能给人们一种热烈的、膨胀的视觉错觉。当然，童装的配色是没有固定模式的，过分的程式化会显得呆板，没有生气，但变化太多了，又容易显得很杂乱。在款式搭配中也要思考孩子的体型状况，长得比较胖的孩子，可以搭配圆领T恤衫、宽松吊带裙，整体感觉活泼俏丽。瘦小的孩子就比较适合穿宽松肥大阔腿裤，搭配一件任意款的T恤衫，整体随意休闲。

# 第七节　中老年人服饰形象设计

我国已迈入老年型社会，已引起社会各方面的注意，特别是由此带来的社会需求改变问题。服装是中老年人消费必需品之一，也是心理行为表达的重要方式之一，服装消费是人们延续生活的基础，通过消费获得生理上和心理上的满足，是人们生活的重要组成部分。中老年人通过服饰装扮能够提升自信，调节孤寂的心情，从而为生活添彩。

## 一、中老年人的着装心理

中老年人的着装理念已在传统简单满足生理需求的基础上，明显加强了展现自我形象的精神诉求。他们依然渴望激情与活力，渴求新知识和新体验，喜爱保持适量的运动，也向往着时尚。他们依然重视自身衣着，希望展现良好的品位与风貌，要求服装式样端庄、严谨、大方，不愿过分标新立异。对服装色彩不求鲜艳，崇尚含蓄。不过分追求流行，但注重服装的舒适性、美观性和实用性。现代中老年人生活丰富多彩，并有着广泛的兴趣爱好。有的依然兼职兼差，有的仍然参与许多社会活动、公益事业等。较多的社交活动等需求，使他们依然需要准备参与不同场合的服装，打理自我形象，以适应不同场合及角色的要求。

在心态上，他们已具备了年长者所特有的气质和风度，表现出一种成熟的美。在人际交往中富有经验，显现稳重的气度；在经济上多表现出富足及与人无争的心态。因此，现在的中老年人由于经济收入变得宽裕，普遍注意穿着打扮了。希望通过穿着打扮减去一些老态，体现稳重大方的仪态及稳重风趣的成熟美。

## 二、中老年人的体型特征

当步入中老年之后，在有些中老年人的肤色、体型和心态方面发生了诸多变化。中老年人的颈部、背部、腰臀部的脂肪增厚，肩背部呈现圆顺状，背部曲度增大，身体向前倾，体型有的呈凸状（图3-70）。同时，中老年人的关节肌肉萎缩，也使其下肢变短。体型的结构比例关系趋于不理想的状态，在体型上逐渐丧失了青春时期的那种美感。肤色的变化也使得他们在挑选服装时需要更加注重色彩的映衬。

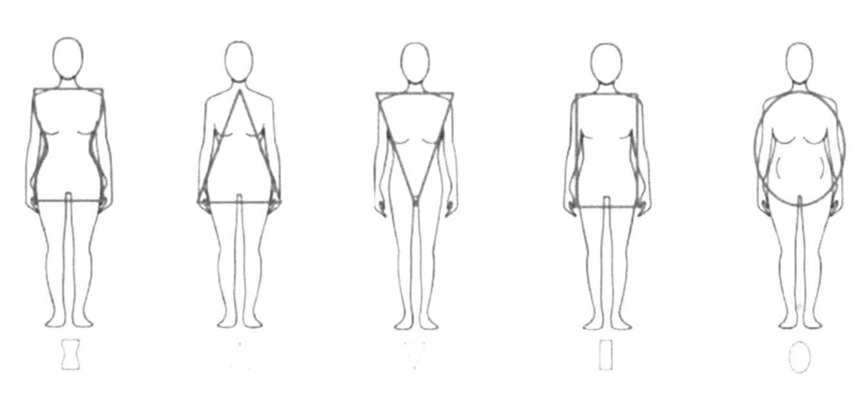

图3-70　5种体型的特征

## 三、中老年服装款式的选择

### （一）根据风格选配服装

**1. 简约大方型**

一般高大型的中老年人，适合选择简约大方的款式。这类服饰细节切勿繁琐累赘，款式选择简约流畅、造型适体大方为好。简洁的“H”型、“A”型服装强调人与服装之间的和谐性，让中老年人感觉舒心、舒适。简约的款式通常注重面料的品质以及工艺的精湛，更能突出中老年人内敛稳重的个性特征。夏季直筒的麻料长裙，秋冬季的长款格子衬衣，以及呢料风衣外套，搭配毛料的直筒裤子，整体搭配简练，不紧不松，以直线结构为主，不用或者少量运用附加装饰物，以充分体现老人的庄重、稳健。

**2. 优雅稳重型**

优雅的中老年人给人一种温和的眼神，个子瘦小或适中，五官线条比较柔和。这类体貌特征的中老年人适合表现优雅稳重的着装风格。冬天呢大衣、毛皮大衣，春秋的西服套装、风衣、外套背心，以及夏天的西装裙、旗袍、长袖柔软衬衫、半截袖外衣等，都要呈现柔美的、轻盈的、雅致的、上品的设计细节。春夏季柔软质感的套装，修身合体的丝质连衣裙，圆点或碎花图案的衬衫，或表现理智与成熟的蓝黑色、灰色外套，点缀简约胸针，会使中老年人看上去更加神采奕奕。

**3. 时尚个性型**

在少数中老年人当中也有性格开朗，个性鲜明的，他们往往有较高的学历，较深的艺术修养，从事艺术设计与创作类的职业。他们依然渴望能保持年轻时期那样多姿多彩。他们不会像大众那样穿搭，经常搭配出较高水平的搭配组合形式。他们能游刃有余的结合自身的体态特征，将时尚、观点、个性、品位等通过丝巾、帽子、首饰、鞋子、背包等配饰的修饰，达到与众不同的装扮效果。他们也能巧妙地利用颜色的特质，呈现低调的奢华，或高调的浪漫之感。

### （二）根据场合选择款式

**1. 正式场合**

在正式场合中老年人的服装色彩应选择沉着、稳重的色彩为主要色，将明亮艳丽色彩作为点缀色，然后结合自身体型条件、审美定位来搭配组合，整体搭配要表达符合中老年人的身份。比如在婚宴的喜庆场合，最好选用稳重的深红色调的套装，或唐装样式的绣花真丝连衣裙，再配以简单大方的手拿包，整体搭配稳重得体，又显得喜气洋洋（图3-71）。

**2. 非正式场合**

在非正式场合时，如居家、旅游、上街买菜等，中老年人也可选用亮色服装或花色服装，以展现自己对生活充满信心、爱心的心态。尤其是旅游时还应佩戴帽子等遮阳工具，如是冬天可围围巾，在消暑或是御寒的同时，让整体形象更加完善（图3-72）。

图3-71　中老年商务套装

图3-72　中老年日常生活着装

## （三）根据体型选择款式

肥胖体型的中老年人适宜穿着领口或前胸部位设计精美的款式，将视线从腰腹部转移到上身。通常领型及开口设计稍尖或呈方形，使胖体型显瘦。衣料厚度要适中，太薄太厚都容易显露“发福”的体型。不要用图案太大的花布，而细的格子和竖条纹以及小花图案都比较适合发福的体型。瘦体型要选择丰满一些的服装，营造中老年文雅庄重之感，设计中适当加些圆形设计，如青果领、圆角平方领或圆下摆，显得柔和丰满。对宝塔型人，服装要大方，图案可设置一些不明显的活褶，甚至装饰在肩领部分，以避免笨重或膨胀印象，裤子不宜太紧，裤脚适当放松，显得协调大方。

**1. 上下套装**

套装要比穿连衣裙式样来得好，连衣裙式样虽然年轻，但对身材要求比较高。假如是矮小型的中老年人适合穿着上下装统一的套装，可以是一种颜色的统一，也可以是同面料的统一（图3-73）。如果特别明显的上下两截装，视觉上是横向分割的，会给人一种肩宽背粗的感觉，增添肥胖感。背部微驼、双肩又前倾下溜的老年人，应穿有垫肩的衣服。

图3-73　适合中老年人穿着的套装

**2. 开襟上衣**

开襟上衣比套穿式的上衣更适合中老年人，因为中老年肩臂关节不大灵活，举臂困难。选择套头式的上衣，其门襟扣开得低一点，以便穿脱。中老年人不适合穿无袖衣，手臂粗壮的中老年人穿短袖以在胳臂一半处为宜，袖子的变化切忌太多。不同的季节里中老年人的开襟外套形式多样，但选择时一定要根据体型与自我风格的特点来选搭。

## （四）款式样式传统与时尚结合

中老年人对服装美的理解尽管有自己固有的形式，但是也受青年人穿着服装影响，使中老年人对时尚服装所展现的现代美也有很大的认同和强烈的追求，所以将传统与时尚完美结合并运用到中老年服装搭配设计中。传统与时尚的完美结合可以通过款式、造型、色彩、面料等各种形式实现。适当夸张肩部并收紧衣服下摆形成V型，使着装者英气焕发；若搭配合体的长裤或长裙就形成了T型，能显现出中老年人成熟的风韵；平肩直身可形成H型，给人以轻松、随意及自然的感觉，可表现出中老年人平和及恬静的性情；窄肩宽摆长衣可形成A型，能展现中老年人稳重、文雅、端庄及矜持的风格；夸张肩部和下摆，腰部紧束就形成X型，这是一款充满浪漫情调的造型，将中老年人活泼及青春犹在的精神风貌显现无疑（图3-74）。

图3-74　适合中老年人穿着的服装

总的来说中老年服装的造型要结构简单，线条明快，雍容潇洒，利索大方。其装饰性线条、装饰性工艺和装饰性部件、配件宜少不宜多，切忌繁琐，而且要结合体型考虑款式的适用性。

## 四、中老年服装色彩的选择

### （一）中老年服装色彩选择的影响因素

**1.色彩与肤色的关系**

服装色彩选择的基本原则是适体。要适应穿着者的肤色、体型、年龄等，合适的服装色彩能放大穿着者的优势，弥补其不足。人到老年阶段，皮肤粗糙，有皱纹，色素沉积明显，肤色变深，使其对服装色彩的适应能力下降，一些色彩穿在身上会显得更加苍老。要想使服装色彩对老年人的肤色起到美化作用，最好的方法就是注意拉开肤色和服装色彩之间的明度差、色相差、纯度差之间的对比度（图3-75）。一般肤色较白的中老年人穿着明亮的色彩，而肤色较深者较适合搭配高纯度中低明度的色彩。

**2.色彩与体型的关系**

人的体型由于受各种因素的影响，十分完美的体型不多，大部分都会或多或少的存在一些体型上的缺憾。人们常说，“三分长相，七分打扮”，运用服饰色彩，用美化和装饰来弥补和调节人体的缺陷，最终达到得体、符合视觉美的装饰效果。肩部较窄的中老年人，可以用浅色的或者暖色的膨胀色，来加宽对老年人肩部的感觉。臀部较大的中老年人，可以用深色的具有收缩性的颜色，来从视觉上减小对臀部的感觉。上身较胖的中老年人，可以穿着冷色系颜色的服装，或者颜色较深的服装，这样才能在视觉上保持平衡，给人一种美感。

图3-75　适合中老年人的服装颜色

**3.色彩与年龄的关系**

到中老年时期人的生理、心理、体形、皮肤、性格等都会发生明显的变化。一般中老年人多选用低明度、低纯度的服饰色彩相配。但是，现在有许多中老年人为了掩饰年龄、体形、肤色等衰老问题，他们也会借用色彩来装扮自己，使自己看上去更年轻。目前国内外常有中老年人穿着的色彩比年轻人更花俏。他们心理希望自己依然年轻，通过服装挑选了高彩度的心理需求色，来满足他们依然对年轻的渴望。

**4.色彩选择与职业的关系**

在不同职业长期潜移默化的影响下，人们也对色彩的喜好也会有所不同。医务工作者和教师喜欢文雅些的色彩；艺术类、设计类的人喜欢夸张、艳丽的颜色；运动员的服装，常用纯色或对比色，以达到刺激神经兴奋的高度。中老年人受之前工作环境的影响，在选择服装色彩时存在很大差异，中老年文艺工作者和电影、电视明星等，喜爱颜色明亮的年轻人用色，看上去使自己神采奕奕，他们的穿着打扮起到了领头羊的作用。

**5.色彩选择与文化程度的关系**

教育程度的不同，造成了思想上和生活上的差异。文化程度高的中老年人气质相对更好一点，对服装的适应性更强一些。城市和乡村相比，住城市的中老年人比较喜欢含蓄的灰色调，喜欢剪裁工艺、面料质地优良的款式；而住在乡镇田间的中老年人，多喜欢纯色，款式不花哨，注重服装的实用性功能。

## （二）中老年人服装配色实例分析

**1.服装单色配色**

单色配色对中老年人来说相对比较简洁适用。把握这种配色方法的关键就是通过明度的差异或纯度差异来搭配，通常用一种颜色形式来搭配设计。单色设计的服装，除了纯色外，可以在明度、纯度上寻求彼此之间的组合变化，使整体配色更为丰富（图3-76）。

图3-76　适合中老年人的单色配色

**2.二色配色**

二色配色相对单色配色要复杂一些，是服装配色中最常用的配色方式，比单色配色使用更广，配色方法更多，包括同类色搭配、对比色搭配、有彩色与无彩色的搭配（图3-77）。

图3-77　适合中老年人的二色配色

**3. 多色配色**

这是一种难度较高的配色方法。多色搭配的好，则会给人以丰富、优美、华丽之感。如果配色凌乱，则会有庸俗之感。较简单的方法就是采用相邻色点缀一种对比色的方式组合，能起到意想不到的效果。此外，通过清浊色彩的配比，冷暖色之间的互补，以及明暗两色之间的反衬都能达到三种配色良好效果（图3-78）。服装色彩必须依托人体肤色特征进行有的放矢的选择。当服装配色与中老年人的本身肤色特质相统一时，整体将呈现和谐的美感。如果个体的五官立体度强，就可以适当选择对比关系强的色彩来搭配，反之对比关系弱者，则适合渐变统一的色彩来搭配。

图3-78　适合中老年人三色配色

## 五、中老年服装面料的选择

对于中老年服装消费人群而言，服装面料的舒适性是基本的要求，其次才是对面料的美观性追求。舒适性主要体现在保温、透湿透气、触觉柔和、抗静电、无过敏源等方面，基于中老年自身的生理特点，贴身化纤面料容易与皮肤摩擦而产生静电，从而产生不适感。此外，服装面料经过印染整理后的过敏物质，也会造成皮肤瘙痒或过敏性皮炎，pH值不合适也会刺激皮肤，从而对人体健康产生不利影响。所以中老年的服装面料需求倾向于天然纤维，其次是混纺材料。服装面料色彩以纯色为佳，中性色和冷色调增添中老年人沉着冷静与低调内敛的气质，几何、小碎花面料则突显出中老年人对时尚或质朴的向往与追求（图3-79）。

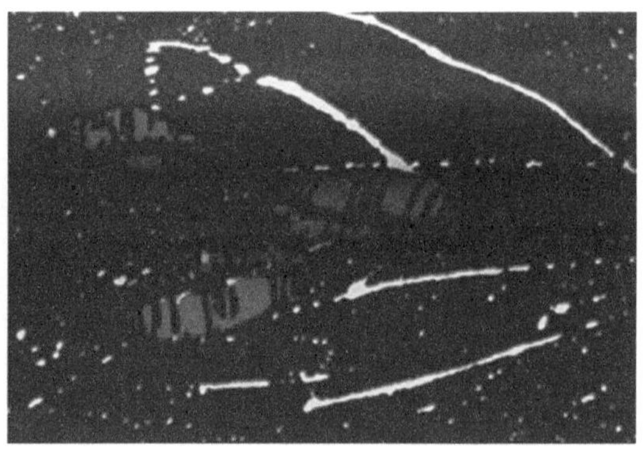

图3-79 适合中老年人穿着的服装面料

## 六、中老年饰品的选择

饰品最好选择庄重典雅的上品珠宝，在显示威严之余，更需表达一种优雅。首饰的数量要选择适当，饰品不应过多。要将首饰的材质与服装的款式统一，首饰的风格与着装场合协调。例如，日常生活着装切勿带上粗条的金项链、金手镯，显得粗俗且没品位。

在材质的选择上，她们往往会更喜爱翡翠、珍珠、宝石、黄金等质地。风格上独显雍容华贵之态。

# 第八节　衣柜重组

衣柜的管理其实就是一个课题，我们发现一堆服饰在当下季节没有用武之地，但又不舍得丢弃它们，久而久之衣柜变得拥挤不堪。如何管理好衣柜，首先要分析自己的生活方式、职业特点等因素，确定休闲服装和正式服装的分配比例。

假如以一位教师和一位家庭主妇为例：教师的生活方式每周工作5天休息2天再加上法定休假日，那么她需要的服装可能70%属于正式服装而30%属于休闲服装。家庭主妇主要的时间是围绕家庭服务，偶尔去一些正式场合，所以她需要休闲服装的比例约占70% ~ 80%，正式场合服装的需求占20% ~ 30%。当我们确立好自己衣柜的服装比例就要开始着手整理衣柜。

根据各自独有生活方式来确定服装的类型，结合自己独有的着装风格来选搭不同的款式单品，根据自身身材的状态来选择单品的色彩、款式以及面料的特点。现在我们选择衣柜中哪些是必备的单品。

## 一、上装必选单品

### 1.内衣

首先必须处理掉变型松垮的内衣裤，在衣柜中补充黑、白、肉色这三种颜色的文胸，除此之外就可以根据自己的喜好增添不同款型风格的内衣。了解自己内衣的尺码，可以通过测量来获得，也可以到内衣店请导购帮助测量，并选配几套合体的内衣（图3-80）。

| 下胸围 | 上胸围 | 上下胸围之差距 | 杯型 | 尺码 |
| --- | --- | --- | --- | --- |
| 70cm | 80cm | 10cm左右 | A | 70A |
| 70cm | 82.5cm | 12.5cm左右 | B | 70B |
| 70cm | 85cm | 15cm左右 | C | 70C |
| 75cm | 85cm | 10cm左右 | A | 75A |
| 75cm | 87.5cm | 12.5cm左右 | B | 75B |
| 75cm | 90cm | 15cm左右 | C | 75C |
| 80cm | 90cm | 10cm左右 | A | 80A |

图3-80　文胸的尺寸对照表

### 2.T恤

首先要清理多年的旧T恤，并对衣柜中现有的T恤分类，将其分为居家类、上班类还是户外类。分类后根据现有的状况进行增补，上班类的T恤要注重品种和款式，户外运动穿着的T恤则应重视款式、面料的透气性和舒适性，而居家穿用的T恤可以宽松轻薄。我们选购T恤要尽量奉行款式简单的原则，因为穿着频率会比较高。

**3. 衬衣**

在衣柜里必须要添一件白衬衣，同时要立马丢弃领子发黄的、过时的衬衫。此外可以添加不同质地的衬衣，如麻料、真丝质感的素色衬衣、格子衬衣、长款衬衣，以满足与筒裙、西服裙相配，适应不同场合的搭配需求。

**4. 毛衣**

职业女性的衣柜里要添置两件套的开衫，假如我们最求高品质，那么可以选购羊绒质地的。此外，套头V领、圆领、高领羊毛衫也是必备的款式，它可以和衬衫、西装或羊绒外套搭配，给寒冷的冬季带来丝丝暖意。

**5. 外套**

可以分为包含西装外套、牛仔外套、休闲外套、商务休闲外套、风衣夹克、棉外套、连帽外套、运动外套、薄外套等，不论男女衣柜中必须添置西装外套、夹克外套、风衣外套、运动外套、羊毛长款外套、羽绒外套以适应不同场合和不同季节穿着。高瘦的男女适合长外套、双排扣的短夹克、直筒大衣、短上衣。个子娇小或者丰满的女士适合单排扣、公主线裁剪、合身的短上衣。

## 二、下装必选单品

**1. 裤子**

年轻男女衣橱里都会有几条牛仔裤，女式牛仔裤会在每一季的流行中改变裤型、色彩、工艺处理，所以假如您有驾驭各式牛仔裤的搭配能力，那么宽松式、铅笔式、直筒式、紧身式、喇叭式都可以纳入衣柜中。在选择牛仔裤的颜色时，深色比浅色更容易显瘦。

格子、条纹西裤能带给您简约英伦的职业休闲感，灰色、黑色的西裤又是职场中不可或缺的单品，然而靓丽的红色西裤，夸张的阔腿长裤能增添您的时尚度。所以我们可以适当地跟随流行，增添适合自己的裤型。

**2. 短裤**

西装短裤、百慕大短裤、牛仔短裤都能带给您搭配的惊喜，如果腰臀和腿部曲线优美，那么在沙滩度假或者邮轮的甲板上就可以穿着短裤。百慕大短裤搭配简约的白衬衫，外加一件简约的长款西装背心，现代感十足的装扮，必定让您增添几分自信。

**3. 裙装**

裙装分为直裙一步裙、西服裙、鱼尾裙、A字裙、喇叭裙、波浪裙、百褶裙、超短裙等，大致裙装可分为日常裙装和正式场合裙装。职业场合衣柜中必不可少的是西服裙，休闲逛街时的波浪裙、百褶裙，参加酒会、婚礼时的鱼尾裙等，每人要根据自身体型、服饰搭配喜好等因素将裙装添进衣柜。

## 三、配饰必选单品

**1. 鞋子**

添置的鞋子一定要考虑衣柜中已有服装品类，鞋子的颜色、款式要与衣柜中的外套和裙子相搭配。裸色的、黑色的、灰色的单鞋与裙裤搭配，低帮的中高跟靴子、中帮的或高帮的靴子与牛仔、夹克外套、毛衣搭配，凉鞋与夏天的裙子搭配。平底鞋的舒适与百搭是都市女性装扮必不可少的单品。

**2.包包**

都说女人“包”治百病，这说明包对女人的重要性。你必须拥有职场的手拿包、肩包，也必须准备休闲场合的斜挎包和双肩包，此外根据您的社会活动状况，适当考虑添置小提包或手包，以搭配晚装所需。

除此之外，男士需要添加领带，女性需要添加丝巾首饰等来点缀服装，烘托着装的某一场合。衣柜需要我们的细心呵护，更需要我们精心打理，只有这样我们才能唤醒衣服的价值，为我们的生活添彩（图3-81、图3-82）。

图3-81　衣柜中服饰的摆放与收纳

图3-82　私人衣柜整理案例

## 思考与训练

1. 为某一个人分别设计职业场合、晚宴场合、休闲场合的着装形象，每一个场合需要设计3个搭配方案。

2. 为某一个新娘设计3个不同风格的服饰形象。

3. 为某一个儿童设计3个不同风格的服饰形象。

4. 为某一个中老年人设计3个不同风格的服饰形象

Fashion Design of Image

# 第四章 / 创意服饰形象设计构思与表现

**学习目标**

了解创意服饰形象设计思维训练的基本方法，通过结合典型案例掌握灵感源设计创作的流程；了解创意化妆、梦幻化妆、梦幻发型比赛中，人物服饰整体造型设计与妆面设计的紧密关系。

创意服装是具有较强主体性和文化性的时装，在造型设计上，结合服装材料的特性，将创造性的意念融入服装的造型设计中，使服装造型设计具有一定的时代感。设计师将个人思想、情感、文化积淀，用独特的艺术表现手法将服装赋予功能化、个性化、艺术化及情感化。在材料的选择上，可寻找自然界任何物品，走出面料的束缚。在服装造型上可以夸张地表达服装的外轮廓造型以及细部结构设计。

Chapter 04

## 一、创意服饰形象设计灵感的概念

创意的理念来自灵感的启发，灵感是创意服装设计的源泉。所谓灵感是指在文学、艺术、科学、技术等活动中，经长期地学习、实践和积累后，而具有的一种创造性思路。这种思维活动是富于魅力的、突发性的、看不见也摸不着的思维活动，是艺术创作中特殊的思维方式。因此，创新需要灵感的启发，设计师要善于把握时机，捕捉灵感，记录灵感，并将其巧妙地运用于服装设计中。

## 二、竞赛中服饰形象设计的主题设计构思途径

**1. 灵感来源**

创意服装设计灵感来源是非常丰富的，它往往来自设计师的某种情感，某个环境，一次经历等，或大自然中存在的某种物体、颜色、肌理或形状等，这些都能促动设计师的灵感。

（1）将自然万物视为灵感源泉　比如山川河流、花草树木、各种动物、珊瑚贝壳、岩石砂砾等，都是可以作为创意服装设计的灵感来源。布料图案设计、肌理的处理、服装结构和外观设计等以自然界中动植物的形态作为灵感，这样的例子比比皆是。图4-1以大自然中花卉作为服装的设计灵感，图4-2以花卉的外轮廓及其装饰性作为服装整体以及细节的部分，同时疏密均衡的美学处理手法将碎花缀于服装的胸臀部位，起到遮羞的作用。

图4-1　以花卉作为设计灵感（一）

图4-2　以花卉作为设计灵感（二）

（2）将社会活动与文化思潮作为设计灵感　社会活动包括庆典、节日，环保公益活动以及一些大事件，如全球性会议、奥运会等。文化思潮指的是文人思想，如解构主义、立体主义、抽象主义、印象主义、浪漫主义等。这些社会活动与文化思潮为人们提供创作的动因，影响到社会各行业以及不同层面的人们。图4-3作品的设计灵感来自于2015年在北京举行的纪念反法西斯战争胜利50周年的庆典活动，将军服进行改良设计，装饰前卫的铆钉与华丽的珍珠，将庄重的军服改变成了时尚前卫的创意服装。图4-4作品的设计灵感来自社会热点话题之环境污染问题，设计师利用厚重质地的面料来表达人们在雾霾天气影响下而产生的压抑的、消极的心理特征。

图4-3　以军服作为设计灵感

图4-4　以“环境污染”作为设计灵感

（3）灵感来自高新科技材料　科技的发展直接影响着人类的衣食住行，同时激发设计师们的设计灵感。科技激发灵感主要表现为：以科技成果为主题和对新材料、新工艺的应用。电脑自动化、航天探索等的新景象，被具有敏锐眼光的设计师们捕捉到后，从而给公众传递新潮的时尚设计动态。图4-5是2016年3月在首尔举行的世界杯发型设计大赛中，时尚妆的参赛选手们设计时尚创意服装，选手将LED灯、铁片、铅丝等建筑、家装类材料应用到服装创意设计中，整体造型设计大胆前卫。

（4）将民族文化作为设计灵感　从民族文化中获取灵感是每一位设计师不可忽视的课题。文化是指各民族在其历史发展过程中创造和发展起来的具有本民族特色的文化。包括物质文化和精神文化。饮食、衣着、住宅、生产工具属于物质文化的内容；语言、文字、文学、科学、艺术、哲学、宗教、风俗、节日和传统等属于精神文化的内容。民族文化反映该民族历史发展的水平。语言是民族文化的重要组成部分，同时也是民族文化的重要表现形式。

刺绣是我国悠久而具传统历史文化的优秀工艺艺术，图4-6的设计灵感来自别具一格的绣片，设计师将不同花型图案的绣片重组，相衬硬朗的里衬，完成大胆的外轮廓造型设计，用传统的元素设计独具现代美感的创意服装，整体别具东方韵味。图4-7是学生的竞赛获奖作品，设计师将“傩”文化表达得贴切而具有深度，“傩”文化其实是因祭祀神雀而产生出的一系列“神雀文化”。作品同样以传统文化的元素创作了前卫夸张的时尚造型。

（5）文化艺术　文化是由英国人类学家爱德华·泰勒在1871年提出的概念。他提出“文化是一个群体在一定时期内形成的思想、理念、行为、风俗、习惯，及由这个群体整体意识所辐射出来的一切活动”。艺术是一种社会意识形态，是人类实践活动的一种形式，艺术家按照美的规律塑造艺术形象，把创造性的生活与表现情感结合起来，并用语言、音调、色彩、线条等物质手段将形象物质和外观，成为客观存在的审美对象。设计师可以将绘画、建筑、雕塑、摄影、音乐、舞蹈、戏剧、电影、诗歌、文学等文化艺术作为设计灵感来源，这些与人们生活息息相关的社会文化，为设计师带来取之不竭的设计素材。图4-8的作品以中国的书法艺术作为创作的灵感，图4-9的作品以佛教文化作为设计灵感，两件作品能较好地从设计眼出发达到较和谐的统一。

图4-5　以建筑材料作为设计灵感

图4-6　以绣片作为设计灵感

图4-7　以“傩面具”作为设计灵感

图4-8　以书法艺术作为设计灵感

图4-9　以佛教文化作为设计灵感

**2. 灵感的实现过程**

（1）创意类服饰形象设计之拼贴设计法　拼贴方法，是一种将原有的事物形态进行片段截取，重新整合而成新的画面状态的一种设计方法，通常将报纸、照片、面料、干花等素材，以排列组合的形式将其随意裱糊在画面上的一种装饰设计手法。拼贴设计过程之初要收集所需的素材，如包装纸、画册、服饰期刊中人物的、风景、服装、建筑等元素；然后在杂志中寻找一个设计对象，将一个人物整体地剪下来，贴在一张纸上；接着将所有已经截取的碎片进行排列组合，要注意服装轮廓的造型，也不可忽视在重构过程中色彩、图形的和谐关系，直到出现一副美观的新画面（图4-10）。

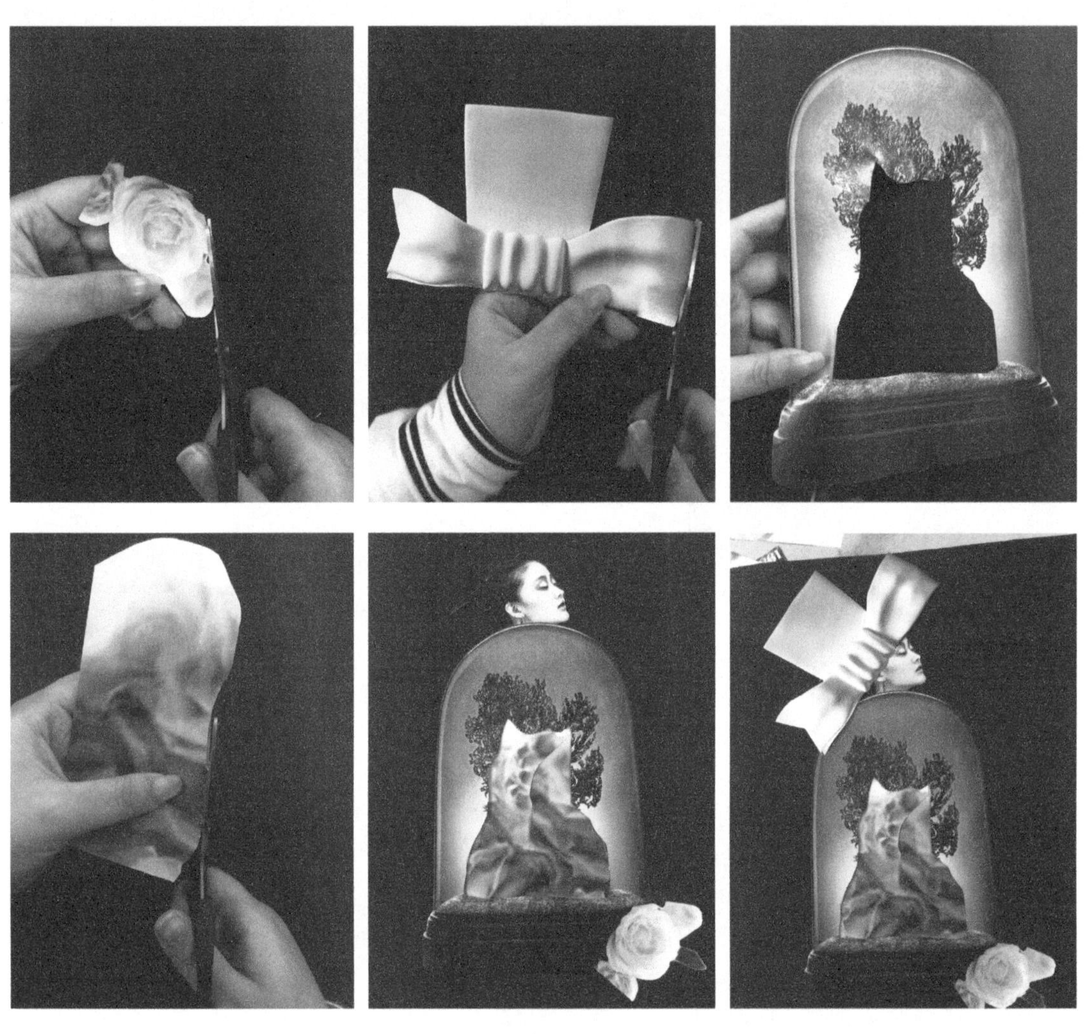

图4-10　拼贴组合设计过程

这种方法是一种良好的设计思维训练的过程，也是一种设计美学方法的训练手段，训练初学者对色彩、造型以及局部与整体美感协调统一的把握能力。这方面的训练可以从简单的造型入手，逐渐加大训练的难度，增加设计元素的数量、轮廓造型的新视觉的方式，多次训练后获取丰富设计体验，从而提高设计的美感和悟性。图4-11是学生在训练中完成的作业，服装的外形设计大胆，素材的整合巧妙，人物与服装的整体和谐统一。

**图4-11　拼贴组合设计训练学生作业**

除了应用平面的组合设计之外，我们可以继续深入到服饰形象整体的二维设计上，如图4-12所示，利用了宣纸的可塑性，通过折叠，剪贴的方式夸大了肩部蓬松夸张的造型设计，从而也能让大家感受到材质与服装形态塑造的密切关系。此外，除了训练学习者的排列组合能力之外，更能启发学习者设计从灵感获取，到材料塑形，再到色、形、质与主题的融合，这是一次很好的思维训练过程，更能有效地开发学习者的创新设计能力。

**图4-12　拼贴组合二维设计方法训练学生作业**

（2）创意服饰形象设计之主题创作训练　主题是创意整体服饰形象设计的设计眼，是表达作品创新的法宝之一，设计是否贴合主题，是作品存在的看点，也是作品优劣的评判点。主题

图4-13　以蝴蝶结为设计灵感

的获取有很多种类型，对初学者来讲要经过反复训练方能够想得深刻，做得深入。通常会借助某一自己喜欢的大师的作品尝试变迁设计方法，领悟设计风格与细节、面料、款式以及色彩之间的紧密联系。把设计的初步想法绘制成设计草图，草图可以捕捉瞬间的激情，并多个角度来体现设计的不同构思，助于提高设计速度，不断丰富设计内容。

如图4-13所示，整个造型以蝴蝶结为设计灵感，主题体现巴洛克时期欧式风格的造型，头饰、服装细节设计都以蝴蝶结、珍珠、蕾丝花边修饰，通过同一元素贯通整体造型。如图4-14所示，该作品的灵感来自古代战服，风格硬朗大气，细节采用青铜器中的花纹为点缀，用色华丽而不失现代。服装设计的创作构思是个体的一种思维活动。首先必须要掌握专业的设计美学知识，要善于观察分析，学习处理人体与面料、色彩与款式之间千变万化的设计关系，结合自己独特的审美眼光，学习大师的优秀作品，逐渐使设计作品更趋丰富、完美。

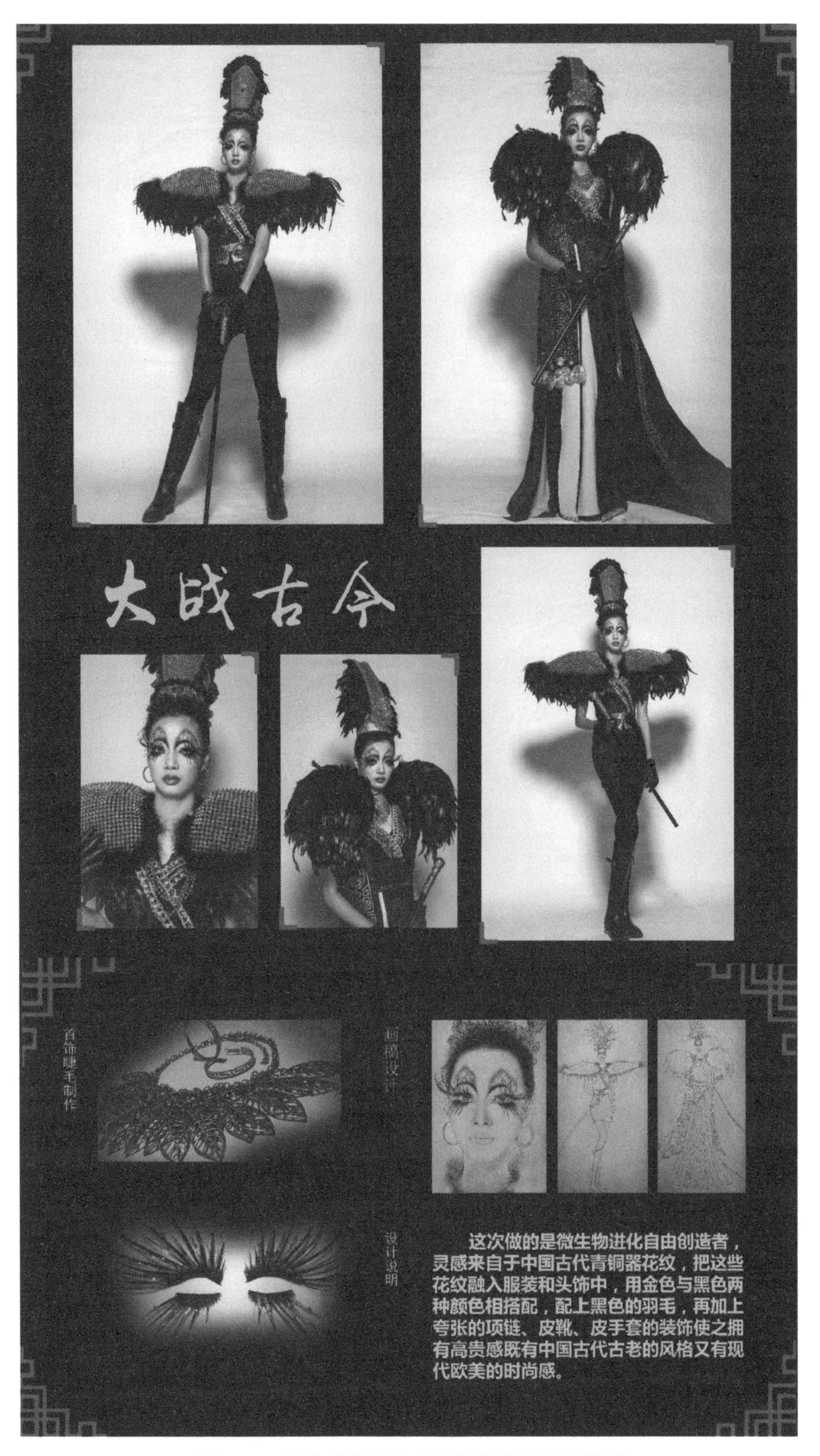


图4-14　以古代战服和青铜纹样作为设计灵感

## 三、创意服饰形象设计案例分析

**1.时尚新娘服饰整体形象设计案例**

时尚新娘造型中，服饰的整体造型设计通常制约了最终整体效果的呈现。在诸多的化妆技能比赛中，服饰的造型设计几乎占据了整体的70%，妆面以及发型必须依托服饰造型而进行设计，所以服饰的整体设计优劣往往决定了化妆技能比赛的成绩。

图4-15是新娘化妆比赛上的获奖作品，造型大胆，整体统一，风格突出，具有较强的独创性。婚纱根据主题进行改良设计创新，头饰设计新颖别致，与服装相映成趣，将传统、俏皮、优雅、高贵等风格融为一体。图4-16是秦怡老师参加2016年首尔新娘化妆比赛的作品，整体造型大胆，婚纱设计夸张新奇，强烈地烘托了天使般新娘的隆重与华丽。图4-17是2015届学生的毕业设计作品，造型主次分明，尤其凸显了新娘头部的设计亮点，风格雅致而不失高贵。

**2.创意服饰整体形象设计案例**

创意服装常见的有生活类、舞台表演类、技能竞赛类等，在时装品牌发布或技能竞赛中奇思妙想的创意淋漓尽致地展现在舞台之上。与人物形象设计专业有关的创意服饰形象设计多见于国内外创意化妆技能比赛中，主要体现在妆面设计与服饰整体创意的表现上，图4-18为三个学生获奖作品，其设计灵感都来自孔雀，采用孔雀羽毛这一设计眼来完成整体设计，服装的造

图4-15　学生时尚新娘化妆获奖作品

图4-16　秦怡老师作品

图4-17　学生时尚新娘整体造型设计作品

图4-18　时尚新娘整体造型学生毕业设计作品

型有的用羽毛做点缀，而有的恰恰利用羽毛的张力以及图案的线条特征作为服装轮廓与细节设计的亮点，三件获奖作品各有千秋。图4-19 ~图4-21分别以叶子、折扇、铁网、青瓷启发设计灵感，带来现代和传统的两种不同风格创意造型。

图4-19　灵感来自孔雀的创意整体造型设计

图4-20　学生竞赛获奖作品

图4-21　创意整体服饰形象设计学生毕业设计作品

**3.OMC世界大赛中服饰整体形象设计案例分析**

2016年3月在首尔举行的世界美发技能大赛中，有39位选手参加了舞台化妆项目的比赛。虽然是世界性的化妆比赛，但要求选手要超强的服饰整体形象设计能力，此时服饰要作为“绿叶”去烘托妆面的创意与表现意图。图4-22～图4-25是选手参加舞台化妆比赛项目的作品，每件作品风格各异，整体完美，细节生动，服装造型、头饰与妆面设计，都达到了高度的统一。这些作品与中国国内的化妆比赛项目评审视角产生了极大的不同。选手的设计作品通常从细小的“设计眼”着手，从服装、头饰、妆面、发型以及指甲的设计都融入了“设计眼”，在舞台化妆比赛项目中要突出妆面，服装、发型设计不能喧宾夺主。不强调服装的大量感，更注重妆容细节与整体的融合与创新。

图4-22　首尔OMC世界大赛中选手作品（一）

图4-23　首尔OMC世界大赛中比赛选手作品（二）

图4-24　首尔OMC世界大赛中比赛选手作品（三）

图4-25　首尔OMC世界大赛中比赛选手作品（四）

**4.梦幻化妆、发型服饰整体形象设计案例**

除了创意化妆比赛需要服饰设计烘托之外，梦幻化妆比赛项目中服饰的作用也是举足轻重的，它是展现整体造型美感的重要部分，但服饰与发型在化妆比赛中一定不是设计重点，而要牢牢把握妆面的主导性。

在梦幻化妆比赛项目中服装的造型设计注重大空间的造型，设计思路宽泛，造型手法多样，头饰的设计必须依托主题，从属服装的设计整体，而妆面设计是整个造型的核心与亮点。若夸大服装、头饰的造型，而妆面设计却苍白无力，作品就会毫无竞争力。图4-26中3件作品都是学生独立完成的梦幻化妆比赛获奖作品。他们围绕各自拟定的主题大胆创造，虽然毫无保留地体现了设计者稚嫩的设计能力，但是其构思巧妙，用色大胆，妆面表现独特，较好地展现了学生的综合设计造型能力。图4-27是在首尔美发世界技能大赛上梦幻发型项目的参赛作品。3件作品不拘一格地展现了选手的构想。他们用千变万化的造型手法将发片作为装饰材料，生动地刻画头部发型的细节，大胆塑造高难度的轮廓，完整地诠释了对作品的深刻构想。

图4-26　梦幻化妆比赛学生参赛获奖作品

图4-27　首尔OMC世界大赛梦幻发型比赛选手作品

## 思考与训练

1. 运用拼贴造型设计方法训练3 ～ 5个创意类服饰整体形象设计。
2. 根据某一灵感源，设计1 ～ 2个创意类服饰整体形象。
3. 收集并分析5 ～ 8个创意化妆、梦幻化妆比赛获奖作品。

# 参 考 文 献


[1] 刘丹. 化妆师[M]. 北京：中国劳动社会保障出版社，2007.

[2] 周生力. 形象设计概论（第2版）[M]. 北京：化学工业出版社，2015.

[3] 钟恒. 服装专题设计[M]. 北京：高等教育出版社，2009.

[4] 周生力. 服饰设计与形象塑造[M]. 北京：化学工业出版社，2010.

[5] 杨金德等. 个人形象识别教程[M]. 厦门：厦门大学出版社，2015.

[6] 周生力. 整体形象设计[M]. 北京：化学工业出版社，2012.

[7] 艾行爽等. 形象色彩设计（第2版）[M]. 北京：化学工业出版社，2014.